Estadística, Evaluación y Análisis de la Gestión de Mantenimiento

Dr. Luis E. Valles D.

Título: Estadística, Evaluación y Análisis de la
Gestión de Mantenimiento
Autor: Dr. Luis Eduardo Valles Defendine
Editado y Publicado por: D&M Engineering C.A.
Valencia, Venezuela

D & M Engineering C.A.
Ingeniería Confiable
RIF: J-31563504-6 NIT: 0563821191

PROLOGO

Las fallas son las interrupciones o alteraciones del funcionamiento normal de un sistema o equipo.

El presente manual indica cómo se determina y localizan dichas fallas, a través de un mantenimiento óptimo. Para lograr tal mantenimiento, es necesario controlar algunas variables, como lo son: El tiempo promedio entre fallas (TPEF), Costo de mantenimiento previo, Tiempo promedio fuera de servicio (TPSF), y capacidad productiva de los equipos.

Estas variables son los datos básicos para la utilización de los siguientes parámetros: MANTENIBILIDAD, CONFIABILIDAD Y DISPONIBILIDAD, los cuales son los que en realidad nos indican, por medio de análisis, evaluación y estadísticas en qué estado de funcionamiento se encuentra nuestro sistema o equipo.

Es de vital importancia introducir al estudiante de ingeniería y ó al Ingeniero Mecánico en el manejo de estos conceptos para garantizar el buen desempeño de sus labores en el campo del mantenimiento en cualquier empresa o actividad laboral.

Dominando la utilización de dichos conceptos, no solo se podrá extraer una radiografía precisa de las labores que se viene desempeñando si no que permitirá establecer a futuro mejoras sustanciales para conseguir un desempeño más productivo.

INTRODUCCIÓN

Las fallas son las interrupciones o alteraciones del funcionamiento normal de un sistema o equipo.

El presente manual indica como se determina y localizan dichas fallas, a través de un mantenimiento óptimo. Para lograr tal mantenimiento, es necesario controlar algunas variables, como lo son: El tiempo promedio entre fallas (***TPEF***), costos de mantenimiento preventivo, tiempo promedio fuera de servicio (***TPFS***), y capacidad productiva de los equipos. Estas variables son los datos básicos para la utilización de los siguientes parámetros: MANTENIBILIDAD, CONFIABILIDAD Y DISPONIBILIDAD, los cuales son los que en realidad nos indican, por medio de análisis, evaluación y estadísticas en que estado de funcionamiento se encuentra nuestro sistema o equipo.

El capitulo I esta compuesto por la capacidad efectiva del sistema, la cual nos indica la probabilidad que un sistema opere durante un período calendario dado. En el capítulo II, la mantenibilidad, que es la acción de efectuar una operación de mantenimiento en un tiempo dado.Los factores principales que influyen en ella, los cuales son operacionales y de diseño, y calculo y predicción de la mantenibilidad. El capitulo III, tenemos, la confiabilidad, la cual es la probabilidad de que un componente o equipo no fallará estando en servicio durante un períodos de tiempo determinado. Sus parámetros básicos, el estudio, tipo de análisis de falla y período de vida de un equipo. Capitulo IV, hablaremos sobre la disponibilidad, se define como la probabilidad de que un equipo este en capacidad de cumplir su misión en el momento que sea requerido. Determinación, características e importancia. En él capitulo V La relación que existe entre mantenibilidad, confiabilidad, y disponibilidad; en el VI, de la seguridad y calidad de servicio, su determinación e importancia.

La disponibilidad esta influenciada por la mantenibilidad y la confiabilidad, es decir, que al mejorar uno de los dos se esta mejorando la disponibilidad. Sin embargo, es conveniente señalar que no existe una relación general que maneje esta situación. Independientemente de esto último, es posible alcanzar mejoras en la confiabilidad y en la mantenibilidad.

"UNA POLÍTICA DE OPERACIÓN CUIDADOS ES LA MEJOR VIA PARA INCIDIR EN LA OBTENSION A DE UNA ALTA DISPONIBILIDAD"

Todo proceso productivo está ligado de manera inevitable a desviaciones que impiden el ideal cumplimiento de las programaciones, siendo estas desviaciones causadas por agentes externos o internos al aparato productivo. Para poder manejar estas desviaciones toda empresa tiene en su haber dos entes que poseen dicho manejo como única responsabilidad. Se está refiriendo a ***CONTROL DE CALIDAD Y MANTENIMIENTO***, donde este último es de interés para el presente curso.

Antes que nada, hay que determinar cuales son las principales causas por las que es necesaria la intervención del MANTENIMIENTO como órgano manejador de desviaciones.

PARADA:
"Evento que impide que el equipo cumpla con su misión".

Las paradas pueden clasificarse como:

PARADAS OPERACIONALES
PARADAS POR MANTENIMIENTO PROGRAMADO
PARADAS POR CAUSAS EXTERNAS
PARADAS POR FALLAS

Las primeras son atribuidas por cumplimiento de los programas de producción.
Las segundas por requerimiento de la salud misma de la maquinaria.
Las terceras producidas por caídas de tensión, siniestro, huelgas, etc.
Las últimas, correspondiente al mantenimiento no programado, de ocurrencia poco previsible e intrinsica del equipo.

CLASIFICACION DE LAS FALLAS

Totales: Es la incapacidad total de equipo.

Parcial: Es una degradación del servicio afectado.

Súbita: De ocurrencia instantánea.

Progresiva: Presencia de una sintomatología que se agudiza con el tiempo.

Catalépticas: Es una simultaneidad de las súbitas y las totales.

Por deriva: Es la combinación de las progresivas y parciales.

Independiente: Propia del equipo.

Dependiente: Originada por elementos externos al equipo.

De seguridad: Su ocurrencia tiene la finalidad de preservar la vida del equipo.

Las causas de las paradas pueden ser mucho más numerosas que estas, pero las indicadas anteriormente cubren una gran gama de ellas y a su vez representan las más comunes.

Ahora bien, a continuación se pueden observar de manera gráfica lo expresado con anterioridad y su vinculación con los índices evaluativos de desempeño de una gestión.

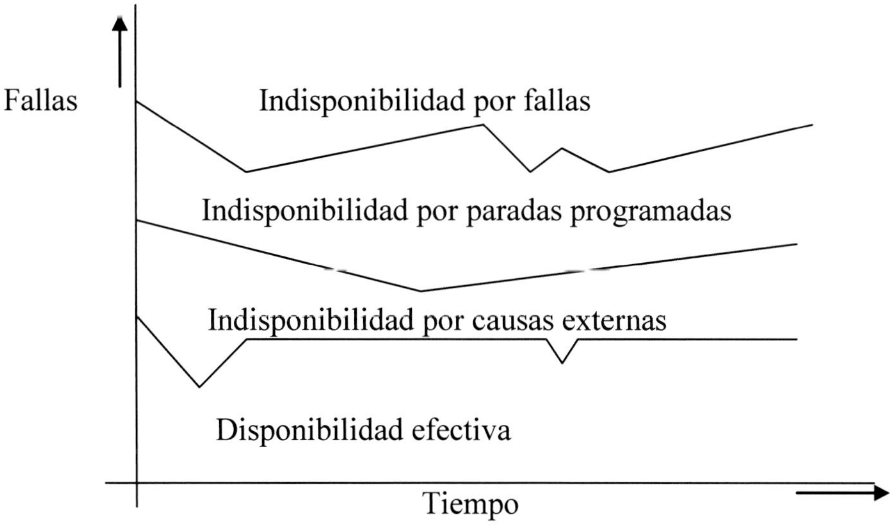

Grafica fallas & tiempo

Existe un elemento que presenta una trampa en la que es muy fácil incurrir. Por ejemplo:

Si una máquina presenta dentro de su cuadro programático de producción 144 horas interrumpidas pero, por mantenimiento programado estuvo fuera de servicio 4 horas y por fallas 40 horas, el tiempo que presentaba dicha máquina para cumplir lo programado seria de (144-4) = 140 horas y no [144 - (4 + 40)] = 100 horas, que es lo acostumbrado seleccionar. Esta verdad indivisible incide directamente en la determinación de aquel elemento que conocemos con el nombre de **disponibilidad**, tal como se puede ver a continuación:

$$\frac{144 - 44}{144} = 69\%$$

$$\frac{144 - 44}{144 - 4} = 71\%$$

Existen dos elementos o más bien herramientas, que permitirán la determinación de las causas por las cuales se ha obtenido una determinada disponibilidad y a su vez evaluarlas para tomar decisiones de manera acertada.

INDICE

CAPITULO I

CAPACIDAD EFECTIVA DEL SISTEMA

1.1- CAPACIDAD EFECTIVA DEL SISTEMA

Es un parámetro fundamental que caracteriza la disposición que tiene un sistema total para cumplir con la demanda que a él se le imponga, generalmente en base al conocimiento del comportamiento de las fallas y de las correspondientes reparaciones de los componentes del sistema (planta y equipo), cuando estos son operados de acuerdo a políticas uniformes establecidas previamente.

Considerándose como sistema total un conjunto de entidades relacionadas entre sí por vínculos y atributos, con predeterminados objetivos. Es decir que un elemento independiente no es un sistema total, cuando se trata aisladamente.

Por lo tanto un sistema total es un proceso de operación y así mismo una:

-Entidad: es la clase de objetivo.

-Atributo: propiedad de una entidad.

-Relaciones: vínculos.

-Restricciones: limitaciones.

-sub.-sistema: un proceso componente.

El conocimiento de la capacidad efectiva de un sistema y de los factores que influyen en ella, permiten emitir recomendaciones tendientes a mejorar el funcionamiento y rendimiento del mismo.

1.1.1- Capacidad efectiva

La capacidad efectiva (***Ue***) se define como la utilidad o valor esperado en términos cuantitativos del rendimiento de un sistema, cuando este es operado y mantenido de acuerdo a normas y procedimiento pre-establecidos.

1.1.2- Capacidad instalada

La capacidad instalada (***Ui***) se define como la utilidad o valor de diseño en términos cuantitativo del rendimiento de un sistema. Es la capacidad máxima del sistema y tipifica la situación ideal de ausencia de fallas.

1.1.3- Factor de efectiva

El factor de efectividad (α) es la probabilidad de que un sistema opera a su capacidad instalada durante un período calendario dado.

La capacidad efectiva se expresa en las mismas unidades que la capacidad instalada: ***MW***, tractores etc., resultando el factor de efectividad sin unidades.

1.2- METODO DE VON HEWMANN Y MORGENSTER

Este caso (20) se basa en el supuesto de que sí:

La utilidad del resultado es ***U*** y la probabilidad de obtener es resultado es ***p,*** entonces la utilidad de la situación es ***px.***

Si se sustituye ***U*** por ***Ui*** y ***p*** por α, resulta:
$Ue = \alpha U\, i$.
Las ventajas de utilizar este método son las siguientes:

a. El método mide el verdadero rendimiento del sistema.
b. Permite cuantificar déficit o excesos reales de capacidad.
c. En base a la cuantificación anterior se toman las decisiones adecuadas en cuanto al mejoramiento de la capacidad defectiva (***Ue***), La eliminación de la capacidad instalada (***Ui***) en exceso a fin de poder utilizarla en otro sistema deficitario o la necesidad de capacidad instalada adicional para satisfacer la demanda.

1.3- OTRO MÉTODO PARA CALCULAR LA CAPACIDAD EFECTIVA

Se supone que $Ue = \frac{Pt}{Ui}$

Donde:

P(t) – Unidades producidas en período ***t***
Ui – Capacidad instalada de producción en el período ***t***

El inconveniente principal de este método es que el mismo se basa en una medición realizada a posteri, o sea, después de los hechos.

1.4- FACTOR DE EFECTIVIDAD Y COSTOS

La determinación de la capacidad efectiva óptima desde el punto de vista de costos puede ser igualmente establecida con las herramientas disponibles para la identificación y cuantificación de los factores que influencian la efectividad tanto del sistema como de costos (20).

En el gráfico de la figura 1.1 se puede observar que existe una relación entre los costos de producción y el factor de efectividad α.
Sin embargo, es difícil determinar una función general que describa esta relación. Lo importante es que el factor de efectividad es una función de la disponibilidad de los equipos y de su configuración funcional.

Para cada nivel de efectividad se tienen requisitos distintos de mano de obra, materiales y equipos, además de tener un costo de penalización inherente a la paralización de los equipos y del sistema.

El costo total para cada nivel es igual a la suma de los costos fijos, más de operación, más costo de penalización.

Es de suponer que después de cierto valor del factor de efectividad (α), los costos de operación crecen de manera marcada para pequeños aumento de (α). Esto es debido distintos factores, por ejemplo: a aumentos de los costos de mantenimiento, o sea, la mejora en la mantenibilidad, inversiones adicionales para mejorar la confiabilidad de los equipos y del sistema e instalación de equipos de reserva.

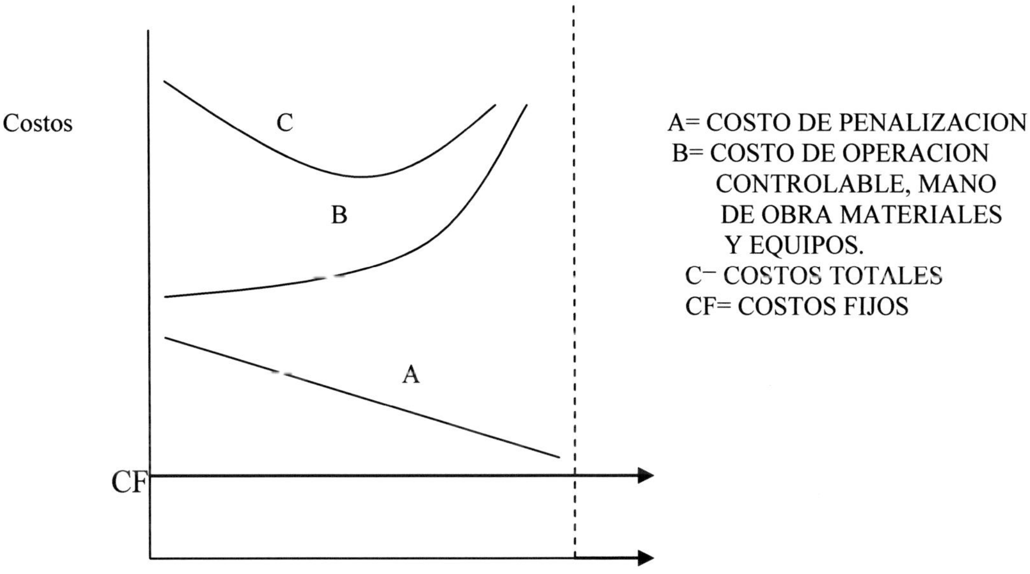

Fig. 1.1 Curvas de costos de producción versus factor de efectividad.

La figura 1.2 (20) representa como la confiabilidad funcional del sistema contribuyen a la efectividad del sistema.

En el anexo 6 se muestra como ejemplo la determinación de la efectividad de un sistema.

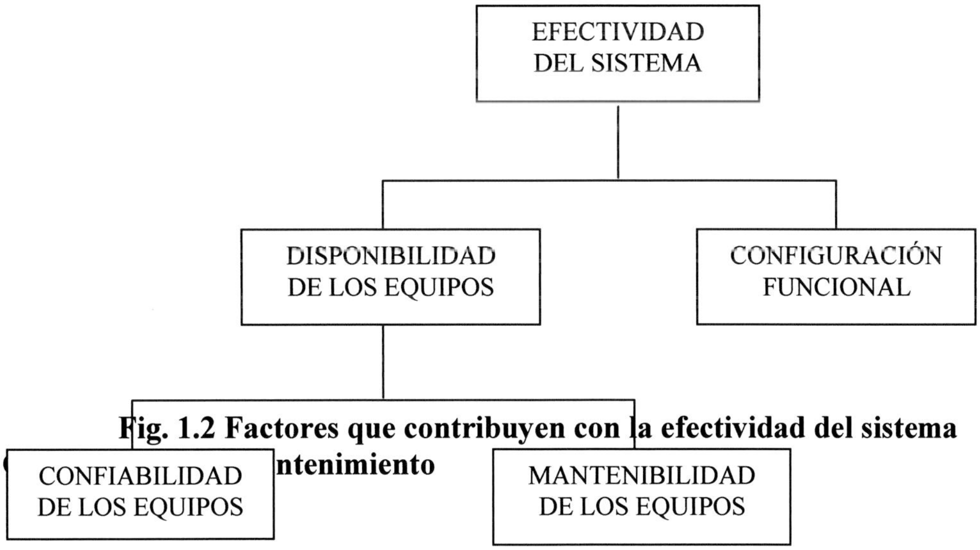

Fig. 1.2 Factores que contribuyen con la efectividad del sistema

1.5- ntenimiento

1. Generalidades

   La organización es una manera útil de actuar y no un fin en si misma, y justamente por esa falta de neurosis organizativas es que los elementos los elementos que la componen deben ser creativos.

   En cuanto en como debe ser la organización, existen tres proposiciones generales:

   La primera consideración que una organización establecida es teóricamente correcta y que las personas son instrumento básico que deben adaptarse a ella, capaces de realizar el trabajo y aceptar ordenes sin iniciativas y sin ejercer influencia.

   La segunda proposición considera que la organización debe ser un medio para lograr el funcionamiento correcto de cualquier área, y requiere tomar en cuenta a las personas que la están utilizando, estas traen actitudes, valores, objetivos y tienen un motivo o son inducidos a participar en el sistema de comportamiento de la organización.

   La tercera supone que "los miembros de la organización son autores de decisiones y solucionadores de problemas y que los autores de decisiones y solucionadores de problemas y que los procesos de recepción y pensamiento son de importancia central para la explicación de comportamiento en la organización "(M.2).

   Algunos autores recomiendan que se debe diseñar una organización de estructura flexible que sea revisada periódicamente para ponerla a tono con los cambios en el personal y en el ambiente.

2. No hay una organización de mantenimiento básica que pueda ser utilizada en todos los casos. La organización de mantenimiento básica que pueda ser utilizada en todos los casos. La organización en general, es una combinación voluntaria de personas y recursos, diseñada para satisfacer situaciones especifican técnicas, geográficas y de personal, dirigida a la conversación de objetivos y fines, y caracterizada por un sistema de interrelaciones que se producen entre los elementos que la componen.

   Las personas que se ocupan recientemente en el análisis de organizaciones de mantenimiento, consideran que esta es una acción dinámica dada al propio dinamismo empresarial y el alto desarrollo industrial, por lo tanto es difícil llegar a una conclusión debido al infinitivo número de detalles que implica en la subdivisión de trabajo, que hay que hacer, con el objeto de alcanzar los fines propuestos, a un costo total de operación mínimo.

   A pesar de esto, la tendencia de la mayoría es la de considerar que se deben cumplir con algunos principios generales, que permitan asegurar el buen funcionamiento de las organizaciones de mantenimiento. Bibliografía especializada considera que estos principios pueden agruparse en: unidad de mando, amplitud de control, homogenidad de las tareas y delegación de autoridad y responsabilidad.

1.5.1- Unidad de Mando

Se considera que para una organización sea eficaz, se debe asegurar una máxima uniformidad posible en la emanación de las ordenes y de las directrices, a fin de facilitar el control de su cumplimiento y permitir determinar exactamente la responsabilidad.

La realización de lo planteado se puede llevar a cabo, sí se representan algunas normas ya establecidas:

- Cada subordinado debe saber quien es su jefe y que solo tiene uno.
- Cada jefe debe saber quienes son sus subordinados
- Todas las funciones han de estar definidas y deben desarrollarse basado en flujogramas preparados para los sistemas de operación o para las actividades propias de mantenimiento (capítulo 2, párrafo 3), a esto deben incluirse los sistemas de control.
- La jefatura en todas las actividades.

1.5.2- Amplitud de control.

El espacio ha cubrir por los espacios de control debe ser tan amplio como sea posible, pero restringido convenientemente a cada uno de los componentes de la empresa dotados de funciones de responsabilidad. Es decir, que se debe adaptar a las necesidades prácticas de la organización.

Existen algunas limitaciones, es decir:

- De personal, se considera que la cantidad óptima de personas que se puedan controlar es 3 a 6 y como excepción de 10 a 12 (M.1). Todo esto depende de la complejidad, variedad y afinidad de los trabajos que le son encomendados.
- De distancias, es decir que cuando los controles se imparten a lejanías son inútiles e irracionales.
- De tiempo, los controles deben ser oportunos y constantes.

A estos es necesario agregar que cada escalón jerárquico adicional dificulta la realización de una dirección común y deforma los objetivos, crea nuevas fuentes de tensión y nuevos puntos de inercia, por lo tanto los mismos deben mantenerse a un nivel mínimo práctico, artificialmente burocrático, pero no obstaculizante.

1.5.3- Homogenidad de las tareas

Las funciones encargadas a cada uno de los miembros de una organización de mantenimiento deben tener un contenido homogéneo posible y asignado de tal manera que no exista soplamientos o interferencias de responsabilidad, es decir duplicidad de esfuerzos

Finley (T.1) recomienda que la estructura de mantenimiento debe mantenerse tan simple como sea posible, y consistente en principios sanos.

En la asignación de las tareas específicas a cada individuo se ha de tener en cuenta los límites de eficiencia y onerosidad de trabajo a realizar.

1.5.4- Delegación de autoridad y responsabilidad

Está demostrado que la causa de muchas fricciones y conflictos dentro de las organizaciones, reside en la poco clara e insuficiente determinación de las funciones, atribuciones, responsabilidad, y autoridad, los cuales, por lo menos respecto a los principales cuadros de la misma, convienen que pueden definidos por escrito.

En lo que atañe a la responsabilidad y autoridad se debe tratar que sé delegué tan cerca como sea posible del punto donde es necesario la acción o la ubicación de la decisión, dándole correspondencia a los dos, es decir que tenga la misma extensión o de lo contrario, es responsabilizar a personas de hechos y situaciones sobre lo que no tienen posibilidad de influir.

El subordinados ha de disponer de suficiente autoridad delegada para emprender todos los deberes que le han asignado y por los cuales han aceptado responsabilidad. A pesar de esta delegación de labores, la dirección sigue ejerciendo sus responsabilidades a través de la supervisión, orientación y control del subordinado el cual ha delegado la autoridad. En la práctica el grupo de Ingeniería de mantenimiento debe informar a una persona que tenga autoridad total sobre las operaciones que deben efectuarse.

El propósito perseguido de dar órdenes, instruir, aleccionar, enseñar y supervisar a los subordinados, es el de coordinar el modo de alcanzar os objetivos en forma más eficiente.

Es importante destacar que la ejecución basada en la autoridad no puede ser tan efectiva como la ejecución basada en el esfuerzo. "Si el esfuerzo que gasta en asegurar una autoridad sagrada o estricta se usa para establecer una relación interdepartamental adecuada, la cooperación resultante mejoraría la efectividad del departamento de Ingeniería de mantenimiento del equipo de producción"(M.1).

CAPITULO II

MANTENIBILIDAD

2.1- MANTENIBILIDAD

Es la acción de mantener; de efectuar una operación de mantenimiento en un tiempo dado. Esto lo podríamos relacionar con él termino conservación, ya que no es más que el resultado del mantenimiento efectuado.

En términos probabilísticos sería: de que un equipo que ha fallado pueda ser reparado dentro de un periodo dado de tiempo.

2.2- FACTORES PRINCIPALES

La buena mantenibilidad es una función de varios factores, los cuales los cuales se pueden ubicar en operacionales y de diseño.

2.2.1 Operacionales

Los factores operacionales generalmente se relacionan con el factor humano encargado del equipo y de mantenerlo, así también con lo asociado con el medio ambiente. A estos factores pertenecen equipo de levantamiento y manejo, políticas y normas de mantenimiento preventivo, disponibilidad de repuesto, espacio para trabajar, destreza o habilidad del personal, número de artesanos, sistema de control de trabajo, calidad de supervisión, comunicaciones, técnicas usadas para corregir las fallas y el soporte logístico.

Otros factores que se incluyen es la de publicar como se efectúan las reparaciones generales (overhoul) de los equipos y las modificaciones en la planificación y programación del mantenimiento.

El tipo de entrenamiento y actitud del personal es uno de los factores importante a tomar en cuenta. Personal sin entrenamiento no solo retarda la acción del mantenimiento, sino que a causa de su rusticidad o desconocimiento del equipo puede originar serias dificultades en el sistema.

Los programas de entrenamiento deben estudiar los tiempos, herramientas, manuales, data y equipo de ensayo requeridos, así como los métodos de identificar las falla y diagnosticar los problemas (4). La experiencia ganada y recogida del análisis de la data es útil en mejorar la futura mantenibilidad. Un análisis de los factores mencionados, debería ser posible para efectuar algunas predicciones sobre la mantenibilidad. Pero la mayoría de los factores son intangibles e imposible de fijar su importancia en términos numéricos con suficiente grado de confianza. Por ejemplo (4): es difícil objetiva y cuantitativamente evaluar los efectos de la experiencia y entrenamiento del personal de mantenimiento sobre la mantenibilidad a menos que se haga por ensayo y error o por medio de análisis de datos.
Para obtener mejores resultados con los factores mencionados, la mantenibilidad debe ser diseñada durante la fase de especificaciones y selección de equipos.

2.2.2- Diseño

Las consideraciones que durante la fase de diseño se hagan sobre la distribución física y accesibilidad del equipo, modulación e Intercambiabilidad y reemplazibilidad, normalización y niveles iniciales de repuestos tiene una influencia significativa no solo sobre el nivel del mismo de la mantenibilidad del sistema, sino también sobre el potencial de mejoramiento de dicha mantenibilidad (20).

2.2.2.1- Accesibilidad

La accesibilidad significa que el diseñador debe hacer serios esfuerzo para que partes y componentes de equipo sean realmente accesibles sin necesidad de remover partes adyacentes. Un ejemplo clásico (4) de una pobre accesibilidad puede encontrarse en algunos automóviles.

Visibilidad es un factor que debe acompañar la accesibilidad. Este factor es importante dado a que algunas partes pueden ser accesibles pero no visible, y se hace necesario de una buena fuente luminosa para poder visualizar el ensamblaje de la parte que esta instalando o removiendo. En algunos casos esto se puede referir a los elementos que se utilizan para fijar los mismos.

2.2.2.2- Intercambiabilidad y reemplazibilidad

Una parte puede ser intercambiable y no necesariamente reemplazable, esto es particularmente cierto en el caso de partes eléctricas. A pesar que esto no es muy común, puede suceder que dos componentes eléctricos que tienen la misma especificación produzca diferente resultados. Tubos de radios en este caso son ilustraciones típicas (4). También los ensambles mecánicos fabricados con un mismo dibujo lo cual puede ser intercambiable por si mismo, pero no reemplazables a causa de una colisión de tolerancia de parte adyacentes.

El diseñador debe evitar que los equipos tengan componentes que ocupen mucho espacio en el almacén y que a pesar de ser intercambiables no puedan ser reemplazados por partes de otros equipos.

2.2.3- Normalización y modulación

Se pueden hacer esfuerzo en la etapa de diseño para unificar los equipos componentes de un sistema y normalizar sus partes tal forma que se puedan ser enchufables o modulares, es decir que sean fácil de remover y reemplazar sin mucho trabajo en caso de falla. Tal método influye en el mejoramiento de la mantenibilidad ya que en el caso de la falla, el componente modular puede ser reemplazable inmediatamente y la reparación de la unidad defectuosa será diferida a un período posterior cuando más tiempo, herramientas y equipos puedan estar disponibles, efectuándose esto sin retardo por la espera de reparar el componente defectuoso.

Es necesario aclarar que el modulo debe ser intercambiable eléctrica y mecánicamente. La mayoría de las veces se diseñan muecas o cuñas las cuales aseguran que solo el elemento correspondiente ensamble en el sitio y se evite un error. Generalmente, este tipo de trabajo no necesita herramienta y se efectúa manualmente.

2.2.4- Nivel inicial de repuestos

La experiencia del fabricante del equipo en cuestión, es una buena indicación de cual es el nivel mínimo de repuestos, que deben adquirir para reducir tiempo de reparación y mejorar la mantenibilidad.

Es conveniente aclarar que a medida que se tienen equipos ya adquiridos anticipadamente, este nivel lo dà la historia de falla del mismo.

Estudiar la Mantenibilidad de los equipos e instalaciones en operación es muy interesante ya que resulta generalmente más simple y de resultados más inmediatos, logrando con ello un aumento de la disponibilidad mediante la reducción de los TIEMPOS DE INMOVILIZACIÓN, en vez de tratar de reducir la cantidad de fallas.

2.3-tiempos de inmovilizacion

Desde el momento en que ocurre la falla hasta que el equipo vuelve a entrar en operación, ocurren una serie de eventos que son menospreciados generalmente pero, que conllevan a la verdadera elevación de la disponibilidad que es al final de cuentas lo que interesa.

2.3.1- Ocurrencia de la falla

La rapidez con que se detecta la falla depende de la existencia de sistemas que permitan monitorear los equipos, de la identificación del operador del equipo y de la existencia de planes programados de inspección y mantenimiento rutinario de los equipos.

2.3.2- Llamada del personal de mantenimiento

La pronta ubicación del personal súpervisorio por parte del operador del equipo en problemas, o del personal de mantenimiento o del que labora en el almacén.

2.3.3- Preparación del personal de mantenimiento

Entre la recepción de la información de ocurrencia de una falla y la salida hacia el sitio dicho personal, existe un tiempo de preparación en la búsqueda de herramientas, repuestos, etc. Este tiempo es también función de cuan critica sea la falla ya que, en caso de presentar una criticidad muy baja, dicha falla será programada y el tiempo de atención será más largo.

2.3.4- Arribo al sitio requerido

No es más que el tiempo que se adjudica al transporte el cual, dependerá de la dispersión geográfica de las instalaciones y de las políticas de descentralización del personal.

2.3.5- Acceso

El personal de mantenimiento no siempre posee el acceso adecuado a los equipos o bien, el personal operativo no lo permite con facilidad.

2.3.6- Localización de la falla

Dependerá de la naturaleza de la falla, las facilidades de diagnostico que posean y de la calificación o grado de entrenamiento del personal

2.3.7- Calibración y pruebas

Al completarse una reparación, los equipos deben ser frecuentemente calibrados y/o probados para garantizar su correcto funcionamiento.

2.3.8- Entrega del equipo

Rapidez en la localización del elemento supervisor u operador del equipo para su entrada a producción.

Todos estos tiempos descriptos anteriormente no son más que un cúmulo de DEMORAS las cuales en su mayoría pueden ser suprimidas o disminuidas para la optimación del proceso de mantenimiento y por ende de la productividad.
A continuación se indicarán algunas acciones o ventanas para lograrlo:

Implementación de programas de mantenimiento rutinario dirigido al personal operativo.
Sistema de diagnóstico funcional, tanto rígidos como modulares.
Ubicación del personal de mantenimiento de acuerdo a las áreas especificas de operación y la emisión de ORDENES DE TRABAJO en sitio.
Disponibilidad de materiales, repuestos y herramientas acordes con las labores de desempeño de las áreas a mantener; la misma debe ser total y oportuna.

Mejoramiento de los LAY-OUT operativos para garantizar la accesibilidad a los equipos sin detrimento del sistema operativo.
El tiempo de indisponibilidad se puede clasificar entonces en dos parte:

2.4- TIEMPO DE PREPARACIÓN Y TIEMPO DE REPARACIÓN.

El primero suprimible con facilidad por no depender del equipo en sí; el segundo mediante la tecnificación de los equipos o los sistemas que los mantienen.

La mantenibilidad se caracteriza por el tiempo promedio para la reparación (***TPPR***)

Donde ;

$$TPPR = \frac{Total\ de\ horas\ inoperables}{Número\ de\ acciones\ de\ mantenimiento}$$

2.5- CALCULO Y PREDICION DE LA MANTENIBILIDAD

En la realización de las tareas de càlculo y predicción se efectúan los siguientes pasos:
1º Ordenar la información sobre tiempo fuera de servicio (***TFS***) en orden ascendente
2º Numerar los valores observados de **1** en adelante (número de orden: ***n***).
3º Calcular la probabilidad de obtener un valor menor o igual que el observado, utilizando la la siguiente formula:

$$P(t \leq T) = \frac{n}{N+1}$$

donde :
n – numero de orden de la observación.
N número total de la observaciones.

Nota: En el caso de que dos observaciones tengan el mismo valor, es necesario para efectos de representación gráfica usar la media geométrica de los números de orden.

4° Trazar la curva de la mantenibilidad del componente o equipo en el papel log-normal o papel Gumbel tipo **1** (***TPEF***) & $P(t \leq T)$, Según la explicación detallada en el próximo punto.
Distribución probabilística usada para evaluar la mantenibilidad.

La distribución utilizada para la determinación de la mantenibilidad en forma analítica es a través de la LEY DE GUMBELL tipo **1** o también conocida como la ley de los valores extremos; Siendo su expresión:

$$P(T < t) = \frac{1}{e^{e^{a(t-U)}}}$$

y

$$TPPR = U + \frac{0{,}5778}{a}$$

Donde :

$T = \textit{tiempo real que se empleará en la ejecución del próximo trabajo}$.
$t = \textit{tiempo estimado para el próximo trabajo según la situación vigente}$.

$U = \textit{el valor del tiempo de reparación correspondiente a la probabilidad del } 37\%$

$a = \frac{3}{y^2 - y^1}$ (Inverso de la pendiente de la recta de mantenibilidad).

$y^2 = \textit{el valor del tiempo de reparación correspondiente a } 95\%$

$y^1 = \textit{el valor del tiempo de reparación correspondiente a } 27\%$

Ejemplo :

La gerencia a requerido que el tiempo de reparación sea reducido a un 19% a fin de llevar la disponibilidad global de la planta a cierto nivel. Si existen siete unidades compresoras con tiempos por reparación de acuerdo a los indicados de bajo determinar: TPPR ACTUAL; TPPR REQUERIDO.

Unidad	TPPR actual
1	432
2	416
3	1103
4	554
5	189
6	290
7	1690
Total	**4674**

$$TPPR\ actual = \frac{4674}{7} = 667{,}71$$

$$TPPR\ deseado = R * TPPR\ actual$$
$$= (1 - 0{,}19) * 668 = 541$$

Graficar ambas condiciones y determinar por la ley de GUMBELL los TPPR arriba calculados. (Ver anexo número 5).

CAPITULO III

CONFIABILIDAD

3.1- CONFIABILIDAD

Es la probabilidad de que un componente o equipo no fallará estando en servicio, durante un período de tiempo determinado cuando es operado en condiciones razonables uniformes de presión, temperatura, velocidad, vibración, etc. o también "La probabilidad de que un componente o equipo lleve a cabo su función adecuadamente durante un período de tiempo bajo condiciones operacionales dadas" (20).

"Se dice que un equipo es confiable cuando funciona cada vez que se necesita y hace bien el trabajo para el cual fue diseñado, de otra manera se dice que es confiable" (19).

3.2- PARMETROS BASICOS

3.2.1- Probabilidad de supervivencia *Ps(t)*: Es termino sinónimo de contabilidad.

3.2.2- Desconfiabilidad: Es la definición opuesta a la confiabilidad, es decir la probabilidad de que un equipo fallará en operación durante un periodo dado de tiempo.

3.2.3- Probabilidad de falla *Pf(t)*: Es el término que representa la desconfiabilidad.

3.3.- ESTUDIO DE CONFIABILIDAD

Es el estudio de fallas de un equipo o componente. Si se tiene un equipo sin falla, se dice que el equipo es cien por cien confiable o que tiene una probabilidad de supervivencia igual a uno.

$$Ps(t) - 1$$

Cuando la frecuencia de falla aumenta se puede afirmar que la confiabilidad decrece.

"Un análisis de fallas es el paso más importante en la determinación de un programa de mantenimiento económico (mantenimiento optimo) y este depende del conocimiento del índice de fallas de un equipo en cualquier momento de su vida útil" (19).

3.4- TIPO DE ANALISIS DE FALLA

3.4.1- Análisis técnico de falla (19)

Determina la causa y la magnitud de la falla. Este tipo de análisis es realizados por los grupos de ingeniería (ej: corrosión, inspección de equipos, ingeniería de planta, técnico de mantenimiento etc.).

3.4.2- Análisis estadístico

Estudia la influencia del factor tiempo en el mecanismo de la falla a despecho de la causa. En esta monografía se esta interesando en concentrase en este último aspecto.

3.5- PARAMETRO UTILIZADOS

Los parámetros utilizados en el estudio de la confiabilidad son: el tiempo promedio entre falla (***TPEF***), la probabilidad de supervivencia ***Ps*(*t*)** y la rata de falla **r(t).**

3.5.1- El tiempo promedio entre falla

El tiempo promedio entre falla indica el intervalo de tiempo más probables entre un arranque y la aparición de una falla. Mientras mayor sea su valor, mayor es la confiabilidad del componente o equipo.

El valor de este parámetro, sin embargo, es limitado mientras no se conozca como están distribuidos los tiempos los tiempo entre falla respecto al tiempo promedio. Las figuras 5.1.A y 5.2.A muestran las curvas de frecuencia para la distribución normal y para la distribución exponencial.

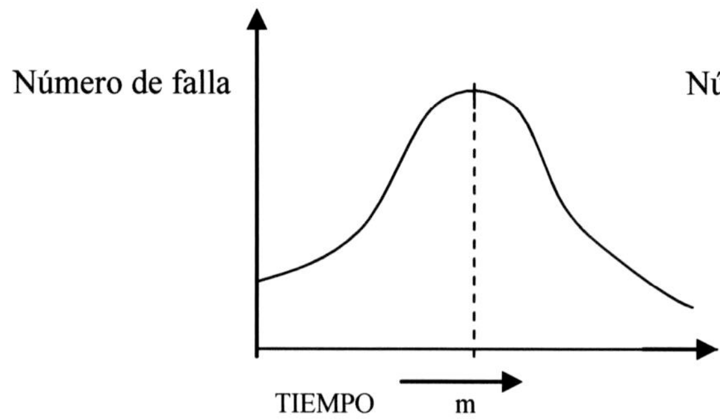

Fig. 5.1.A curva de frecuencia para la distribución normal

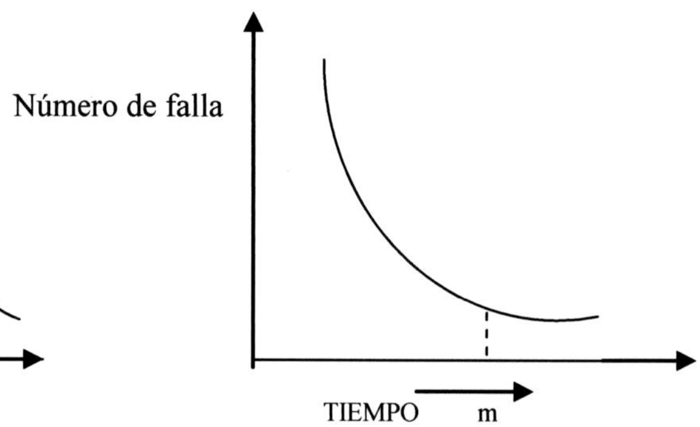

Fig. 5.1.B curva de frecuencia para la distribución exponencial

Sí se traza la curva de frecuencia acumulativa correspondiente se observa que mientras en la distribución normal 50% de las fallas ocurren en tiempos menores al ***TPEF***, en la distribución exponencial esta cifra es de 63.2%. Las figuras 5.1.B y 5.2.B muestran las curvas acumulativa o curvas de frecuencia de fallas.

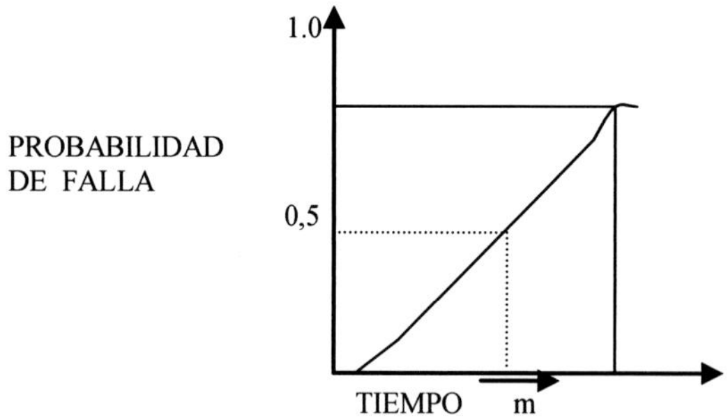

Fig.5.1.B. Curva de frecuencia acumulativa

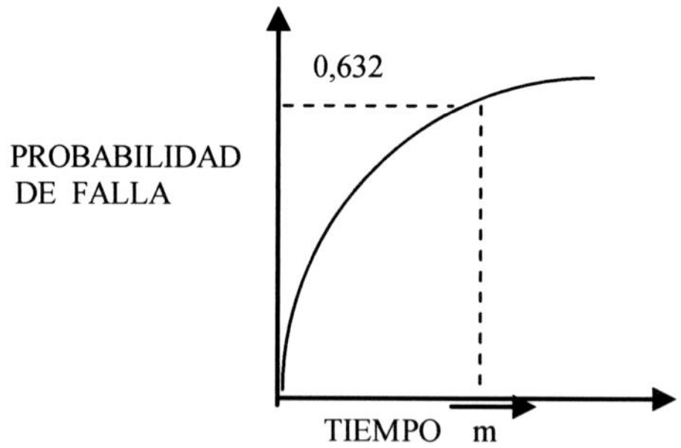

Fig.5.2.B. Curva de frecuencia acumulativa Exponencial.

3.5.2- Probabilidad de supervivencia

Como quiera que si el componente o equipo no ha fallado es por que esta operando adecuadamente es decir que la probabilidad de supervivencia es complemento de la probabilidad de falla, o sea:

$$Ps(t) = 1 - Pf(t)$$

(Basado todo esto en una regla de probabilidad).

3.5.3- La rata de fallas

La rata de falla también llamada "Frecuencia de ocurrencia de fallas", se le define para efectos de confiabilidad como la posibilidad casi inmediata de falla de un componente o equipo al llegar a **"*t*"** horas de operación:

Estadísticamente la rata de fallas se definen como:

$$r(t) = \frac{P(t)}{Ps(t)}$$

donde:

***P*(*t*)** – valor de la función intensidad de fallas al tiempo t_0 función de la probabilidad.
***P*(*s*)** – probabilidad de supervivencia al tiempo **t.**

Generalmente, ***r*(*t*)** se expresa en falla por hora o falla por día o cualquier otro intervalo de tiempo.
Deducción matemática de ***Ps*(*t*)**

$$r(t) = \frac{P(t)}{Ps(t)}$$

$$r(t) = -\frac{d[Ps(t) / dt}{Ps(t)}$$

$$P(t) = \frac{d[Pf(t)]}{dt}$$

$$P(t) = \frac{d[1 - Ps(t)]}{dt}$$

$$P(t) = \frac{d[Ps)(t)]}{dt}$$

$$r(t) = -\frac{d[\ln ps(t)]}{dt}$$

Integrando

$$Ln\ Ps(t) = -\int_0^t r(t)dt,$$

$$Ps(t) = e^{-\int_0^t r(t)dt}$$

3.6- PERIODO DE VIDA DE UN EQUIPO

La vida útil de un equipo está dividida en tres período separados, los cuales se definen en función del comportamiento de la rata de falla (ver figura 6.1). Estos son:

3.6.1- Mortalidad infantil: Período en el cual el equipo presenta una alta proporción de fallas atípicas producto de defecto de diseño no corregidos, errores en la fabricación y en el montaje o de elementos todavía no ajustados a sus tolerancia naturales.

3.6.2- Vida Útil: Al terminar el período de mortalidad infantil comienza un periodo de rata constante, en el cual se espera que el equipo desempeñe la mayoría de sus funciones. En este período la ocurrencia de fallas es aleatoria y no depende del tiempo transcurrido desde la última falla.

3.6.3- Desgaste: En este período la rata de falla aumenta sostenidamente, al sufrir los elementos del equipo un deterioro físico, por roce mecánico u otras consideraciones. En un cierto momento los costos de mantenimiento e indisponibilidad serán tan elevados que el equipo deberá ser sustituido.

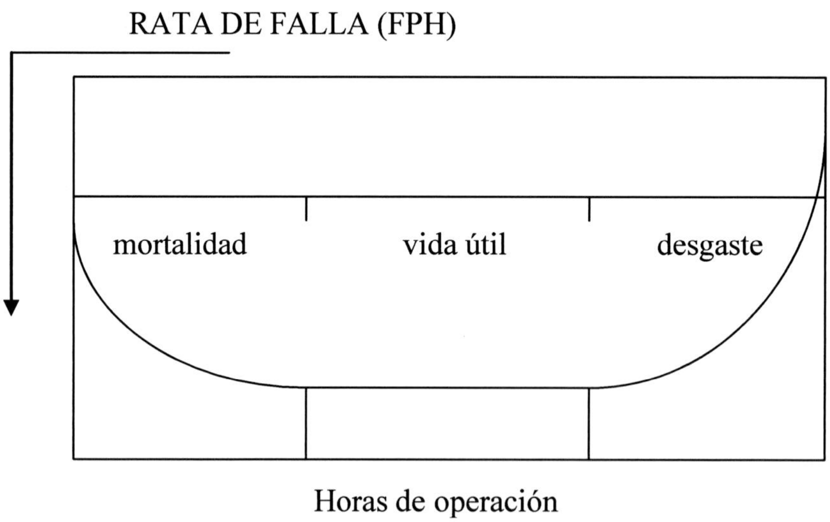

Fig. 6.1 Curva característica que representa los períodos de vida de un equipo.

3.7- DISTRIBUCIONES MÁS UTILIZADAS.

3.7.1- Distribución binomial: Expresa la probabilidad de tener ***k*** veces el evento falla en ***n*** ensayos, conocida la probabilidad ***p*** de una falla y rigiéndose por la expresión matemática:

$$P(k) = [\frac{n!}{(n-k)!}] \; x \; P^k \; (1-P)^{n-k}$$

Ejemplo:

El aluminio contentivo en un horno de fusión requiere mantenerse a una temperatura dada por cuatro horas. El control de la temperatura es muy crítico y se requiere que por lo menos tres de los cinco elementos de calentamiento funcionen durante las siguientes cuatro horas. La recomendación del fabricante indica que cada elemento tiene una probabilidad de 10% de fallar en cuatro horas. Cuál es la probabilidad de que el proceso fracase?

La probabilidad es: $1-[P(0)+P(1)+P(2)]$; Ya que el proceso fracasará si fallan tres elementos.

$P = 0{,}1$

$n = 5$

por lo tanto:

$$P(0) = [\frac{5!}{(0! X 5!)}] x \; 0.1^0 \, x \; 0.9^{5-0} = 0.59$$

$$P(1) = [\frac{5!}{(1! x 4!)}] x \; 0.1^1 \, x \; 0.9^{5-1} = 0.328$$

$$P(2) = [\frac{5!}{(2! x 3!)}] x \; 0.1^2 \, x \; 0.9^{5-2} = 0.0729$$

$$\Pr obabilidad \;\; de \;\; fracaso : 1-(0.59+0.328+0.0729) = 0.0091$$

(menos del uno porciento)

3.7.2- Distribución exponencial negativa: los equipos electrónicos por lo general se comportan según esta ley, así como sistemas complejos donde los elementos que los constituyen se encuentran sometidos a situaciones continuas, siendo la expresión matemática que la rige es:

$$R(t) = e^{-dt}$$

Ejemplo :

De un equipo electrónico importante se conoce que durante las últimas 5000 horas de operación, ha tenido 12 fallas. La última ocurre un viernes a las cuatro de la tarde. Para el próximo lunes se tiene la visita de los dueños. ¿Saldría usted este fin de semana?.

Si la visita esta prevista para las 12 m. del día lunes, debemos calcular que el componente falle después de transcurrir 68 horas. En este caso se tiene que:

sí

$$d = 12/\,5000 \qquad t = 68$$

para

$$t = 68$$

$$R\,(\,t\,) = 84,\,9\,\%$$

Esto indica que existe un 15,1 % de probabilidad de que ocurra una falla antes de la visita. Seguramente ud. está planificando su guardia para este fin de semana.

3.7.3- Distribución normal: esta distribución describe fenómeno de envejecimiento de equipos.

3.7.4- Distribución de Poisson: su uso es común cuando se manejan probabilidades de bajas fallas.

3.7.5- Distribución log- normal: describe fenómeno de envejecimiento incipiente.

3.7.6- Distribución de Weibull: se caracteriza por su flexibilidad de aplicación en cualquier situación operacional del equipo.
Esta distribución se rige por la siguiente expresión:

$$Ps(t) = \frac{1}{e^{(t/v)^K}}$$

donde :

v = edad característica de fallas
k = parámetro de forma

para valores de

$k < 1$ falla decreciente (mortalidad infantil)

$k = 1$ falla constante (vida útil)

$k > 1$ falla creciente (desgaste)

para valores de

$k - 1 \qquad v - TPEF$

$k = 1 \quad y \quad v = 1$ $TPEF$ se encuentran tabulados en el anexo 1 y 2

$k \neq 1 \quad y \quad v \neq 1$ $TPEF$ se determina por el siguiente procedimiento:

Procedimiento para determinar el TIEMPO PROMEDIO ENTRE FALLA.

a) Ordenar los tiempos antes de fallar (***TAF***) de mayor a menor en una columna.
b) Numerar dichos valores.
c) Determinar la PROBABILIDAD DE FALLA mediante la expresión:

$$P(f) = \frac{M}{N \max + 1}$$

Donde ***M*** es el número correlativo en la numeración de los datos y *N* el máximo valor de dicha numeración.

d) Determinar la PROBABILIDAD DE SERVICIO mediante la siguiente expresión:

$$P(s) = 1 - P(f)$$

e) Graficar en papel semi-logaritmico TAF & $P(f)$ y $P(s)$.

f) Graficar en papel de WEIBULL ***P* (s) & *TAF.***

g) Trazar una paralela a la recta de la gráfica obtenida en el punto anterior hasta que corte . el punto de transferencia y la escala de ***k***.

h) Determinar el valor de ***k***.

I) Trazar una vertical a partir del percentil 40 del papel de weibull hasta interceptar la grafica obtenida en el paso f.

J) Trazar una horizontal desde el punto de intersección anterior y la asíntota vertical Correspondiente al ***TAF.***

k) Leer el valor de ***v***.

L) Introducir los valores de ***k*** y ***v*** en la expresión que rige la distribución de Weibull.
M) Determinar la confiabilidad del equipo ***P (s)***

Ejemplo :

Se tienen los siguientes tiempos antes de fallar un compresor de aire.

250	265	160	312	175	208	398	330
290	351	370	222	190	281	450	118
142	235						

Se requiere:

1) Calcular *P (f)* y *P (s)*

2) Plantear en papel semí logarítmico.

3) Plantear en papel WEIBULL.

4) Determinar ***v*** y ***k***

5) Determinar la ecuación de confiabilidad de equipo *P (s)*.

6) Determinar la confiabilidad del equipo para ***t*** = 100 horas.

$$k = 2{,}5 \qquad \text{y} \qquad v = 300$$

$$P(s) = \frac{1}{e^{(t/300)^{2,5}}}$$

$$P(s) = \frac{1}{e^{(100/300)^{2,5}}}$$

$$P(s) = 0{,}933$$

Confiabilidad de *N* componentes idénticos con igual confiabilidad.

Probabilidad de que ninguno falle: $Ps(t)^N = e^{(-rt)^N}$

Probabilidad de que al menos uno falle: $Pf(t)^1 = 1 - Ps(t)^N$

Donde; ***r*** = rata de falla y ***t*** =tiempo de evaluación (***TPEF***)

Ejemplo:

Un inyector diesel tiene un ***TPEF*** de 2000 horas, una rata constante de 0,005fph. Los inyectores causan el 90 % de las fallas. Determinar ***P(s).***

Motor de dos cilindros, por lo tanto:

$$Ps(1000)^2 = e^{(-0{,}0005x1000)^2}$$

$$Ps = (0{,}6)^2$$

$$Ps = 0{,}36$$

Confiabilidad en serie :

Cada componente es tratado como una cadena de muchos eslabones la cual falla cuando falla el eslabón más débil, esto corresponde a la confiabilidad en serie.

La confiabilidad en serie ***R(s)***, de un sistema compuesto de varios equipos funcionalmente en serie y con confiabilidades expresadas en fracciones decimales, ES EL PRODUCTO DE LA CONFIABILIDADES CORRESPONDIENTES A LOS EQUIPOS.

$$R\,(\mathrm{s}) = R\,(1)\,x\,R\,(2)\,x\,R\,(3)\ \ldots\ldots\ldots\ldots\ldots\ldots\ldots\ R\,(N).$$

Confiabilidad en paralelo :

Cada componente es tratado como un cable de muchos hilos el cual no falla hasta que todos sus hilos se rompan. A medida que cada hilo se rompa su carga pasa al restos de los hilos, finalmente todos se rompen, esto es lo que corresponde a la confiabilidad en paralelo.

La confiabilidad en paralelo está signada por la desconfiabilidad del sistema *U*(***s***), siendo su expresión :

$$U(s) = 1 - R(s)$$

Donde ***U*(*s*)**, es a su vez EL PRODUCTO DE LA DESCONFIABILIDAD CORRESPONDIENTE A CADA EQUIPO.

$$U(S) = U(1)\ x\ U(2)\ x.................U(N)$$

<u>TPEF de sistema para confiabilidades en SERIE Y PARALEL0</u>

No de equipos	SERIE	PARALELO	RAZON
1	M	M	1,0
2	$M/2$	$3M/2$	3,0
3	$M/3$	$11M/6$	5,5
4	$M/4$	$25M/12$	8,3
5	$M/5$	$137M/60$	11,4

Donde ***M*** es el ***TPEF*** de un equipo pero igual para todos los ***N*** existentes (IDENTICOS O DIFERENTES).

TPEF de sistemas para confiabilidades en PARALELO Y RESERVA..

No de equipo	PARALELO	RESERVA	RAZÓN
1	M	M	1,0
2	$3M/2$	$2M$	1,33
3	$11M/6$	$3M$	1,64
4	$25M/12$	$4M$	1,92
5	$137M/60$	$5M$	2,19

Donde ***M*** corresponde al ***TPEF*** de un equipo instalado.

La confiabilidad de un sistema, es la probabilidad de tener más fallas que las unidades disponibles, incluyendo las de reservas.

CAPITULO IV

DISPONIBILIDAD

4.1- DISPONIBILIDAD

Es la probabilidad de que un equipo éste en capacidad de cumplir su misión, en el momento que sea requerido.

4.2- DETERMINACIÓN DE LA DISPONIBILIDAD

Existen diferentes técnicas para determinar la disponibilidad de un equipo o sistema. La más simple es aquella que está basada en la evaluación intuitiva por medio de la expresión:

$$\frac{PTEF}{PTEF + PTIF}$$

Donde :

$PTFF$: Promedio de tiempo de funcionamiento entre fallas.

$PTIF$: Promedio de tiempo de indisponibilidad entre falla.

Por el método empírico se determina que la disponibilidad corresponde a dos estados o condiciones del equipo o sistema: operando y parado.

Rigiéndose por la expresión:

$$\frac{TEF - TTP}{TEF}$$

donde :

TEF: tiempo esperado de funcionamiento.
TTP: tiempo total de paradas

En función de la discriminación del tiempo :

$$\frac{TO + TPD}{TC}$$

donde :

TO = Tiempo de operación.
TPD = Tiempo de parada disponible.
TC = Tiempo calendario.

Expresado como factor de servicio (***FS***)

$$\frac{TO}{TTD}$$

donde :

TO = Tiempo de operación
TTD = Tiempo total disponible

Sin embargo, es posible obtener la disponibilidad de cualquier elemento deseado de una manera mucho más confiable y precisa que las anteriores aún y cuando, las expresiones antes descriptas dan la idea en forma rápida de la situación general.

$$DISPONIBILIDAD = \frac{TPEF}{TPEF + TPPR}$$

donde :

$TPEF$: tiempo promedio de falla.
$TPPR$: tiempo promedio por reparación.
$TPFS$: tiempo promedio fuera de servicio.

4.3- CARACTERISTICA DE LA DISPONIBILIDAD

La disponibilidad o razón de servicio es una probabilidad constante a lo largo de un período de tiempo, o sea, que no varía con el tiempo, como lo hace la confiabilidad y la mantenibilidad.

4.4- IMPORTANCIA DE LA DISPONIBILIDAD

El concepto de la disponibilidad tiene mucha importancia en el cálculo de factores de efectividad, al evaluar la influencia de la disponibilidad de un equipo sobre la efectividad global del sistema.

A través del estudio de los factores que influyen sobre la disponibilidad, el tiempo probable entre fallas y el tiempo probable fuera de servicio (***TPEF*** y ***TPFS***), es posible para la gerencia evaluar distintas alternativas de acción para lograr los aumentos necesarios de disponibilidad a través de:

a.- Aumentos de los tiempos entre fallas.
b.- Reducción de los tiempos fuera de servicio.
c.- Tácticas combinadas.

A la vez que se establecen las distintas alternativas de acción, en cuanto a los factores técnicos se refiere, también se establece la influencia de estas alternativas sobre los costos. De esta manera es posible identificar la política óptima en función de maximización de la disponibilidad y la minimización de los costos.

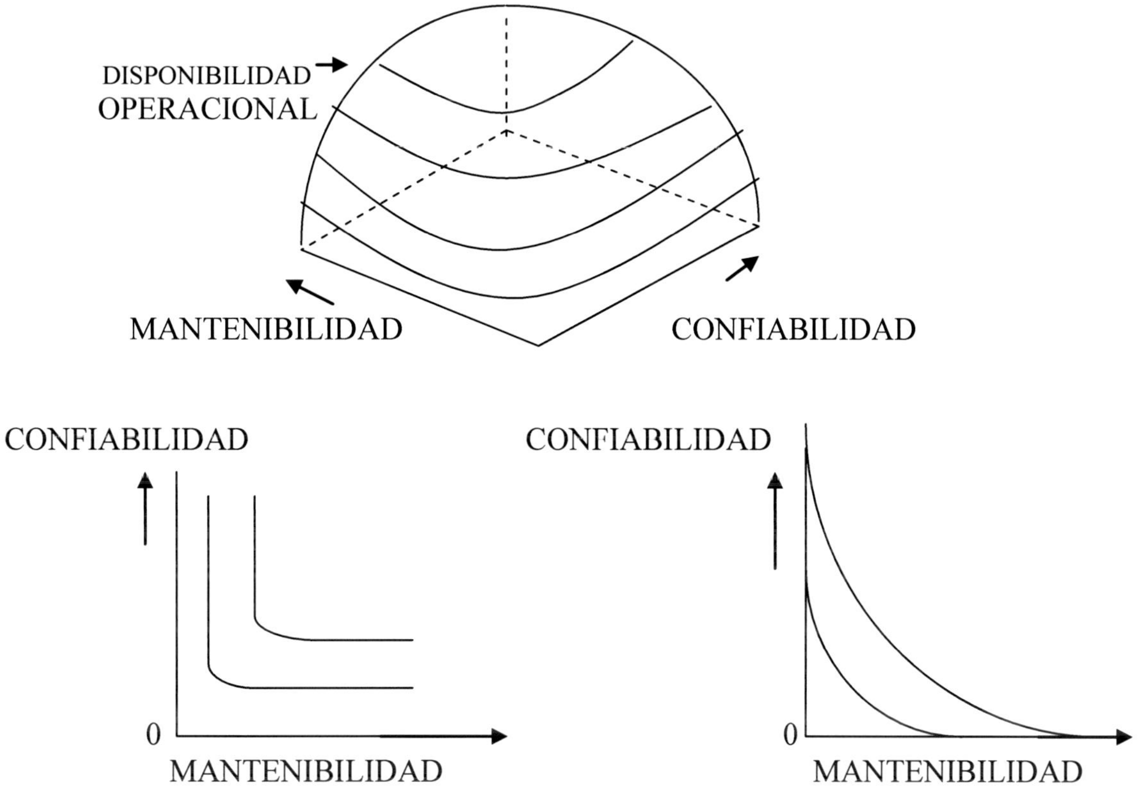

Fig. 4.1 Curvas de isodisponibilidad

4.5- MEJORAMIENTO DE LA DISPONIBILIDAD EN LA PRACTICA

La disponibilidad esta influenciada por la confiabilidad y la mantenibilidad, es decir, al mejorar uno de los dos se está mejorando la disponibilidad. Sin embargo, es conveniente subrayar que no existe una relación general que maneje esta situación.

Independiente de esto último, es posible alcanzar mejoras en la:

4.5.1- Confiabilidad

Los estudios para el mejoramientos de la confiabilidad requieren de un análisis profundo y detallado de los materiales empleados y de las condiciones de operación de los equipos (20). La mayoría de las veces es necesario hacer inversiones significativas en el mejoramiento de la confiabilidad.

5.2- Mantenibilidad

Los estudio para el mejoramiento de la mantenibilidad se debe hacer en la fase de diseño y en la de operatividad. En esta última, destacando los procesos que tienen que ver con el aumento de la eficiencia de la mano de obra (estudios de métodos) y la efectividad de la función de materiales, empleando los procedimientos de autorización, optimización de niveles adecuados de repuestos etc. Todo esto en busca de la reducción de los tiempos fuera de servicio de los equipos.

Las medidas tendientes a mejorar la mantenibilidad requieren más decisiones y acciones de tipo administrativo y organizativo que aquellas asociadas con la confiabilidad.

Es este hecho el que hace que las soluciones en la práctica (20) más inmediatas para el mejoramiento de la disponibilidad sean a través del mejoramiento de la mantenibilidad, ya que este está más influenciado por el factor humano que la confiabilidad.

VENTAJAS :

- Es cuantificable.
- Se pueden especificar como datos para el diseño.
- Se pueden variar los parámetros para conseguir distintos valores
- Es medido durante los acotamientos.
- Es posible determinar causas con precisión.
- La razón de servicio (***RS***) esta nivelada a lo largo de un periodo suficientemente largo de tiempo.

4.6- UNIDADES DE MEDIDA

La disponibilidad, aún y cuando es adimensional, ella representa de manera directa un equivalente en:

4.6.1-Tiempo: Si se considera en función del tiempo establecido para la generación de una corrida, pedido o lote de producción .

4.6.2- Producción: Si se considera en función del número de unidades o lotes a ser generados de acuerdo a una planificación pre-establecida para un periodo de tiempo determinado o bien, por capacidad instalada.

Ejemplo:

1). Para dos hornos de fusión que trabajan en paralelo, una hora de parada de uno de los hornos puede producir la pérdida del 50% de la capacidad de producción total de la planta. Esto es equivalente a la pérdida de media hora de producción total.

2). Para una línea de pintura cuyo programa establece la utilización del equipo durante 16 horas al día por seis días a la semana y que presenta una continuidad de paradas equivalente a 1/3 del tiempo, esto representa la pérdida de 5,33 horas por periodo laboral establecido.

Ejercicio :

1). Diez compresores tienen un ***TPEF*** de 700 horas. ¿Cuál es el máximo ***TPFS,*** para una ***RS*** de 0,96?.

$$RS = \frac{TPEF}{TPEF + TPFS}$$

$$0{,}96 = \frac{700}{700 + MAX\ TPFS}$$

$$MAX\ TPFS = (\frac{700}{0{,}96}) - 700$$

$$MAX\ TPFS = 29\ HRS$$

RAZON *TPFS/TPEF*

$$RS = 1 / 1 + (TPFS/TPEF)$$

$$1 = RS\,(1 + (TPFS/TPEF))$$

$$1 - RS = RS\,(TPFS/TPEF)$$

$$RP = 1 - RS$$

$$RP/RS = TPFS/TPEF$$

Si ***RS*** tiende a la unidad, entonces ***TPFS/TPEF*** tiende a ***RP***, lo que implica que para valores de ***RS*** > 0,96 ***RP = TPFS/TPEF.***

RATAS EXPONENCIALES DE FALLAS Y REPARACION.

$$Rata\ de\ falla = r$$

$$r = \frac{1}{TPFS}$$

$$Rata\ de\ reparación = U$$

$$U = \frac{1}{TPFS}$$

Por lo tanto:

$$\frac{\underline{U/r = RS/RF}}{RS/RP}$$

2). Una sub-estación presenta 100 transformadores, cuyo ***TPEF*** global es de 300 horas. Si la ***RS*** deseada es 0,99. Cual será el máximo ***TPFS.***

$$r = \frac{1}{300}$$
$$r = 0{,}0033\,fph$$

Por tanto ;

$$u = 99r$$
$$u = 0{,}33rph$$

esto implica

$$MAX\ TPFS = \frac{1}{U}$$
$$MAX\ TPFS = \frac{1}{0{,}33}$$
$$MAX\ TPFS = 3{,}03\ horas.$$

Otro método para la determinación de la DISPONIBILIDAD es a través del análisis de DUPONT. (Ver anexo número 13).

Este análisis consiste en la representación gráfica, objetiva y simple del comportamiento operacional de un proceso, producto o planta, mostrando los principales indicadores financiero de una empresa. Para un gerente es poco interesante el estar revisando hojas y hojas con números y razones que al final de cuenta no indican lo deseado sino, que, representan los datos para las estadísticas y sus resultados son lo que realmente interesa, ya que, representan un indicador del comportamiento global de la planta. Después de dicho análisis se determinaran las desviaciones y a partir de dicho momento se podrá profundizar en la información y detectar si la o las desviaciones son producto de problemas de CONFIABILIDAD o de MANTENIBILIDAD.

CAPITULO V

RELACION ENTRE LA DISPONIBILIDAD , LA COMFIABILIDAD Y LA MANTENIBILIDAD.

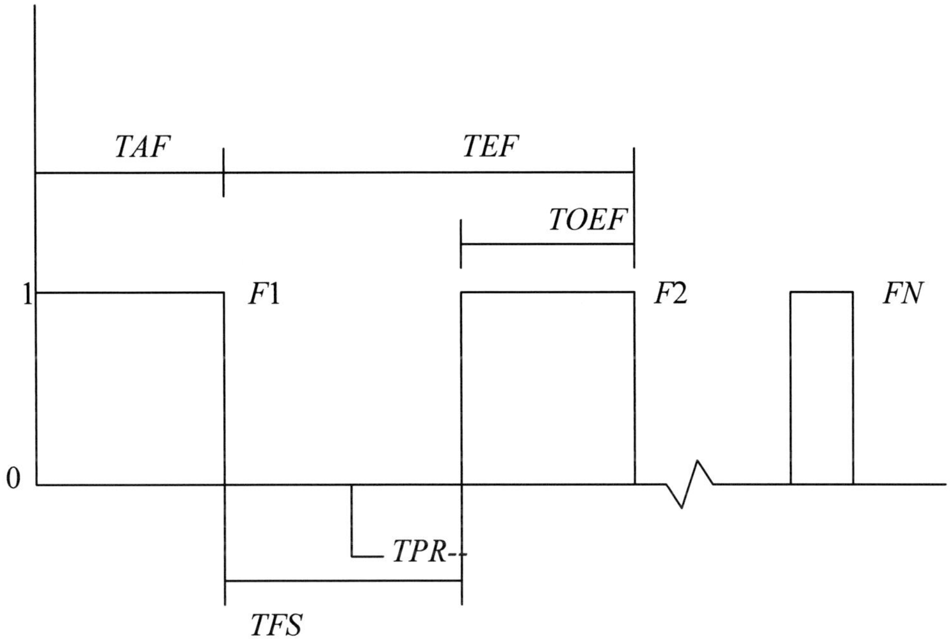

Donde;

1 .... Equipo en funcionamiento.

0 .... Equipo fuera de servicio.

FN......................... Falla enésima.

TEO...................... Tiempo en operación (usado en equipo que solo fallan una vez).

TEF....................... Tiempo entre falla.

TOEF................... Tiempo operativo entre falla.

TFS....................... Tiempo fuera de servicio.

TPR........................ Tiempo para reparación.

TAF...................... Tiempo antes de la falla.

A partir de aquí se tienen las siguientes expresiones para N fallas.

$$TPEF = \frac{\sum TEF}{N}$$ Tiempo promedio entre falla.

$$TPOEF = \frac{\sum TOEF}{N}$$ Tiempo promedio operacional entre fallas.

$$TPFS = \frac{\sum TFS}{N}$$ Tiempo promedio fuera de servicio.

$$TPPR = \frac{\sum TPR}{N}$$ Tiempo promedio para reparación.

Para cálculo de la DISPONINILIDAD a partir de estas relaciones se tiene :

$$DISPONIBILIDAD = \frac{\sum TOEF}{\sum TOEF + \sum TFS} = \frac{TPOEF}{TPOEF + TPFS}$$

De acuerdo a esta expresión resulta evidente la relación que existe entre la disponibilidad, la confiabilidad y la mantenibilidad . Si se considera que *TPPR* >> *TPFS* y *TPEF* >> *TPPR*, la formula anterior se transforma por aproximación:

$$DISPONIBILIDAD = \frac{TPEF}{TPEF + TPPR}$$

A continuación se observará como puede obtenerse la misma DISPONIBILIDAD con diversas combinaciones de CONFIABILIDAD y MANTENIBILIDAD:

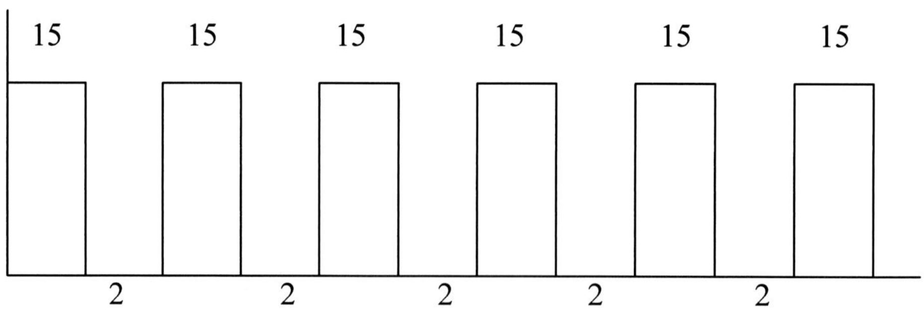

$$DISPONIBILIDAD = \frac{6\,x\,15}{(6\,x\,15) + (5\,x\,2)} = 90\%$$

EQUIPO CON UNA BAJA CONFIABILIDAD Y BUENA MANTENIBILIDAD

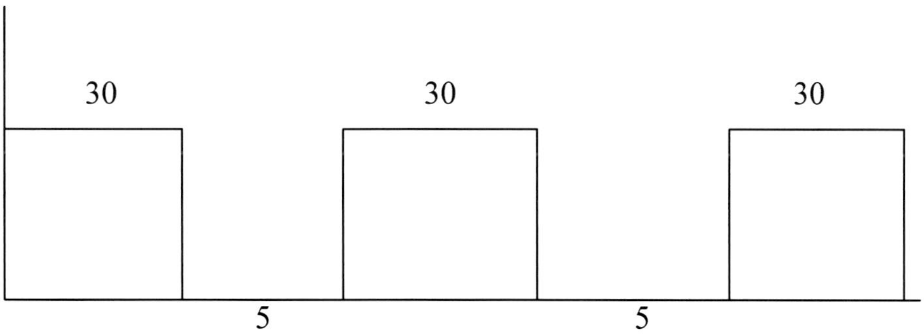

$$DISPONIBILIDAD = \frac{3\ x\ 30}{(3\ x\ 30) + (2\ x\ 5)} = 90\%$$

EQUIPO CON UNA BUENA CONFIABILIDAD PERO MALA MANTENIBILIDAD

Con la fijación de estos ejemplos, se hace innegable el cubrir dos puntos que son extraordinariamente necesarios para mantener un verdadero control sobre la gestión de mantenimiento en su contexto de responsabilidad sobre el ente productor. En primer lugar LA DATA, la cual debe ser confiable, completa y a tiempo siendo la misma procesada de manera rápida y minuciosa. La segunda, es el análisis y estudio cuidadoso de los resultados ya que, de su interpretación serán tomadas las decisiones que podrán hacer fracasar o glorificar una gestión.

A si mismo, la información a ser transferida a los niveles superiores debe ser la más especifica posible sin entrar en tantos detalles que hagan perder de vista la real información que se desea suministrar.

Para los niveles inferiores, se debe suministrar la información resultante del trabajo y esfuerzo aportados por ellos, sin dejar de resaltar las virtudes o ventajas obtenidas consolidándolas cada vez más, ni reconocer y corregir aquellos puntos distorcionadores del desempeño, siempre manteniendo una posición de receptividad hacia los cambios productivos y de mejora continua.

FACTORES QUE AFECTAN

CONFIABILIDAD	**CONFIABILIDAD**	**REPUESTOS INSTALADOS**
REQUISITOS DE RENDIMIENTO	EFICIENCIA DE LA MANO DE OBRA	TAMAÑO
LIMITACIONES DE MATERIALES	EFECTIVIDAD LOGISTICA	COMPLEJIDAD
DISEÑO	DISEÑO	DISEÑO
RESTRICCIONES PRESUPUESTARIA	RESTRICCIONES PRESUPUESTARIA	RESTRICCIONES PRESUPUESTARIA

	CONFIABILIDAD	MANTENIBILIDAD	DISPONIBILIDAD
Variable Fundamental	TPEF	TPPR	RS
Ecuación Universal	$P^{S}(t) = EXP\left[-\left(\frac{t}{v}\right)^{k}\right]$	$P_{(T<t)} = EXP\left[-e^{-a(t-u)}\right]$	$RS = \frac{TPEF}{TPEF+TPPR}$
Validación De datos	PAPEL SEMI-LOG	PAPEL LOG-NORMAL	——
Hoja de trabajo	WEIBULL	GUMBELL	——
	"K" Leido en Weibull		——
	"V" Leido en 37%		——
	——	"Ax" Leido en Reducen variated	——
	——	"Ay" Leido en HRS.	——
	——	"u" Leido en 37%	——
Aplicaciones	DIAGNOSTICO EFECTIVIDAD DE SISTEMA DISEÑO CONTROL	DIAGNOSTICO EFECTIVIDAD DE SISTEMA DISEÑO CONTROL	DIAGNOSTICO EFECTIVIDAD DE SISTEMA DISEÑO CONTROL FIJAR NIVELES OPERATIVOS VALOR MAX. TPEF VALOR MAX. TPPR

CAPITULO VI

SEGURIDAD

6.1- SEGURIDAD

Característica del sistema relativo a la capacidad de este para prevenir accidentes o para minimizar su ocurrencia y seguridad. Considera riesgo que afectan a personas y a propiedades.

La seguridad puede ser explicita de dos manera:

a- La seguridad propia del diseño, donde el fabricante se compromete a respetar y a seguir las indicaciones dadas en el diseño.

b- La seguridad exigida por el cliente al fabricante.

En ambos casos el fabricante posee la responsabilidad del producto que genera siendo por lo tanto garante del sistema funcional, operativo y de mantenimiento en forma segura. Esto debe ir siempre acompañado de un entrenamiento concienzudo y la documentación apropiada y completa.

Aún y cuando fallas proveniente del sistema de seguridad o de la mala operatividad, son competencia del fabricante, es la responsabilidad de mantenimiento los daños que ocasionen los mismo ya que, o bien fueron obviados procedimientos del mantenimiento o no fue exigida la correspondiente certificación y verificación de dichas partes; esto implica, que mantenimiento debe formar parte importante para la adquisición, repotenciación o reparación de cualquier equipo a que hubiese lugar.

Es de resaltar, que dentro del esquema de seguridad mantenimiento debe velar y contribuir a que sean respetadas todas las normas de seguridad requeridas para la correcta operación de un equipo y con ello garantizar la minimización de fallas por este concepto.

6.2- CALIDAD DE SERVICIO

En los cálculos de disponibilidad frecuentemente no se expresan todos los resultados, por ejemplo ; una planta puede estar produciendo a plena capacidad el 100 % del tiempo, pero con mala calidad. Es posible calcular la disponibilidad sobre la base de toneladas producidas con la calidad esperada pero, cuando la calidad se mide con muchos parámetros diferentes, esto no es sencillo. Una manera simple de incluir en un modelo de calidad diversas variables, es usar figura del mérito, de la cual se presenta un ejemplo.

$$CALIDAD\ DE\ SEREVICIO = e^{-\{a[\frac{(Po-\Pr)}{Po}]+\frac{b(Qo-Qr)}{Qo}\}}$$

Donde:

Po = Producción objetivo.

Pr = Producción real.

Qo = Calidad objetivo.

Qr = Calidad real.

a y ***b*** Son factores de ajuste colocados por experimentación.

El modelo es exponencial negativo y con factores de ajuste tales que en condiciones ideales el valor que se obtenga sea **(1)** y al presentarse alguna desviación, el modelo se degrada rápido y exponencialmente negativo, de manera de mejorar la velocidad de detección de posibles problemas.

Normalmente las degradaciones de producción o calidad serán atribuidas a diversas causas, tales como: MAL MANTENIMIENTO, FALLAS DE EQUIPOS, MALA OPERACIÓN, FALLAS DE ENERGIA, HUELGAS, etc, de manera de efectuar una repartición entre las diferentes áreas.

6.3- PRODUCTIVIDAD Y CALIDAD

El estar consiente del papel clave del mantenimiento como factor integral de la productividad, implica por un lado superar enfoques errados (ver anexo 1) y por el otro rescatar los conceptos de calidad y productividad. Con ello podemos comprender su importancia para la competitividad (*).

6.3.1- Calidad: Adecuación del uso.

Cuando la definimos como "Adecuación al uso"entendemos esta acepción total y dinamico que implica la necesidad de involucrar a toda la empresa y el esfuerzo permanente por introducir mejoras. La calidad deberá. Estar presente en los propios objetivos de la empresa, ya que una correcta interpretación del papel de está en la sociedad, presupone el compromiso de satisfacer aducuadamente las necesidades de sus clientes.

Si vemos cómo se desarrolla el concepto de calidad en la empresa, observaremos que comienza en la propia detección de necesidades del usuario. Con estos datos y haciendo uso de los conocimientos de materiales y de manufactura, se llegará a un diseño del producto en el cual estarán plasmados los niveles de satisfacción que el usuario desea, a través de un conjunto de especificaciones. Esta es la etapa que corresponde al concepto al concepto calidad del diseño que también incluye la correspondencia entre lo que el cliente quiere y lo que podemos producir de acuerdo con los equipos, mano de obre e instalación con que cuenta la empresa. La calidad del diseño lleva implícita la consideración de los procesos y su grado de operatividad.

Por la calidad del producto no es sólo la de su diseño, sino que será tambien el resultado de la manera cómo se ejecute el proceso de producción para obtener las especificaciones formuladas. Esto es lo que llamamos calidad de concordancia o calidad del

proceso. La calidad que el usuario le atribuye al producto será pues, la resultante de ambas, pero también de la disponibilidad de servicios de post-venta.
En síntesis:

Calidad		Calidad		Calidad				Calidad
del	=	de	+	de	+	Disponibilidad	+	de
Producto		diseño		concordancia				post-venta

Al desglosar el concepto total de calidad, estamos posibilitando una toma de decisiones acertada en cada momento, pues estamos manejando el concepto, permitiendo que cada función de la empresa pueda y deba sentirse involucrada en la estrategia de calidad, ya que será responsible por algunas de las acciones que configuran la calidad total de los productos. De esta forma, calidad se convierte en un principio guía de la empresa, que le señala la calidad de dirigir esfuerzos en todas y cada una de las etapas del producto, desde su diseño hasta su uso de garantía, para luego llegar a al innovación y superación del mismo.

6.3.2- Productividad: Un principio Guía.

La definición de productividad meramente a través de su expresión operativa (producto/insumo) es incompleta, pues a través de ella nos resulta posible admitir situaciones contradictorias, tales como la destrucción de los recursos naturales, consecuencia de uso irracional, la contaminación ambiental o la alineación de los seres humanos, ocupados indirectamente en el proceso; Ya que dichas situaciones contradictorias pudieran ir acompañadas de un rápido incremento de ese ratio, en especial si lo vemos en el corto plazo.es necesario entonces, reducir a una definición más completa, tal como del Prof. Kazukiyo Kurosawa, quien la define de la siguiente manera:

"la productividad como meta-principio debe ser guía de las fuerzas productivas, y el funcionamiento y desarrollo de la sociedad a través del proceso interactivo entre los seres humanos y la naturaleza. En otras palabras, la productividad, primero que todo, es el principio guía de cómo usar racionalmente la naturaleza, para reproducir la raza humana y mejorar la sociesdad como un todo. Ella fundamenta su proceso de autocritica acerca de las prácticas de la raza humana. Basados en eso, podemos definir productividad como una medida para evaluar cualquier tipo de materiales de la sociedad, o del grado de significación y efectividad, de las actividades que utilizan a la naturaleza".

Por ello, para utilizar correctamente el ratio producto/insumo como expresión operacional de productividad, debemos precisar:

1) Nuestra unidad de análisis y el contexto o medio ambiente de la misma.
2) Debemos asegurar que dicha expresión operacional mantenga como marco de referencia las siguientes características definitorias:

- ESTRATEGICA
- INTEGRAL
- GLOBAL

ESTRATEGICA: (En el tiempo). Porque la mejora de la productividad de hoy ha de ser fundamento de la mejora futura.

INTEGRAL: (Al interior de la unidad de análisis). Porque nos interesa la relación de el producto con todos los insumos y no con uno solo de ellos (por ejemplo, el laborar); además porque nos interesa la mejora de toda la unidad de análisis. (v. gr., nada hacemos mejorando la productividad de la planta)

GLOBAL: (Al exterior de la unidad de análisis). Porque la mejora de la productividad de la empresa no puede ser a costa del medio ambiente externo.

Si no se dan estas características no puede hablarse con propiedad de productividad.

3) Es necesario comprender la naturaleza diversa de los factores que integran el concepto de productividad, los cuales se clasifican en TECNOLÓGICOS, ORGANIZATIVOS Y MOTIVACIONALES DEL RECURSO HUMANO.
4) La mejora de la productividad no es sólo el uso intenso de los insumos. Es necesario puntualizar que la productividad mejora cuando:

- Crece el producto y disminuyen los insumos.
- Crece el producto y se mantienen igual los insumos.
- Crece el producto en mayor grado al crecimiento de los insumos.
- Permanece igual el producto y decrecen los insumos.
- Decrece el producto, pero decrecen los insumos en mayor proporción

Comprender esa diversidad nos permite superar cierta visión reduccionista de algunos enfoques de productividad y comprender la necesidad de diseñar una ESTRATEGIA DE PRODUCTIVIDAD EN CORRESPONDENCIA CON LA PLANIFICACIÓN CORCORATIVA DE LA EMPRESA.

6.3.3- productividad en la gestioné de mantenimiento

La decisiva importancia del mantenimiento en el buen funcionamiento de la empresa y el rol estratégico que debe jugar, va acompañado de una creciente incidencia en los costos de las mismas, no siendo extraño que el personal de mantenimiento supere el 30% del personal de la empresa, y que los gastos de mantenimiento exceda el 10% de los montos de venta de las misma. Ello desencadena presiones para que el departamento de mantenimiento disminuya sus costos y aumente su productividad.

En razón de ello, se hace imprescindible dirigir la reflexión de los puntos anteriores, y la conceptualización sobre productividad y calidad, en dirección de la propia función de mantenimiento.

De manera, se avanzará decisivamente, en la conformación de un solo enfoque gerencial, base para que los diversos departamentos y niveles gerenciales, supervisorios y trabajadores mancomunen mejores sus esfuerzos, superando las tendencias que todavía en muchas empresas, de cada función (logística, control de calidad, mantenimiento, finanzas, etc.) habla su propio idioma, con las subsecuentes secuelas de incomunicación , entrabamiento y fricciones entre ellas.

6.3.4 Producto producto-insumo mantenimiento.

Para tener claro el concepto de productividad en la función mantenimiento nos remitiremos a la ubicación de éste en el funcionamiento de la empresa.

Para ello definiremos al mantenimiento como **"la adecuada conservación de las instalaciones, herramientas y maquinarías, esenciales para un mejor producto y seguridad industrial".** En consecuencia, la noción de **producto** del mantenimiento debe incluir, como elementos tangibles:

INCREMENTOS a) en la vidas del equipo
b) en la disponibilidad
c) en la productividad y calidad a la cual se opera

A otro nivel, los **beneficios** intangibles del mantenimiento incluyen rubros indirectos como la prevención de accidentes en si, sino por su repercusión en el ámbito motivacional del factor humano en la empresa. También debería incluirse a crear un marco de condiciones verificables para el ejercicio de la planificación en la empresa, y finalmente una calificación del RR.HH.

Aspectos si bien son mas difíciles de medir. No por ello son menos importantes para apreciar la repercusión del mantenimiento en la productividad de la empresa.

Más sencillos de determinar son los **insumos** del mantenimiento:

- Horas-hombre (obreros, supervisores, gerencias)
- Instalaciones(talleres, almacenes, etc.)
- Equipos, herramientas, utensilios
- Sistema de información de mantenimiento
- Repuestos de los equipos

El esquema podría visualizarse de la siguiente manera:

INSUMOS **PRODUCTOS**

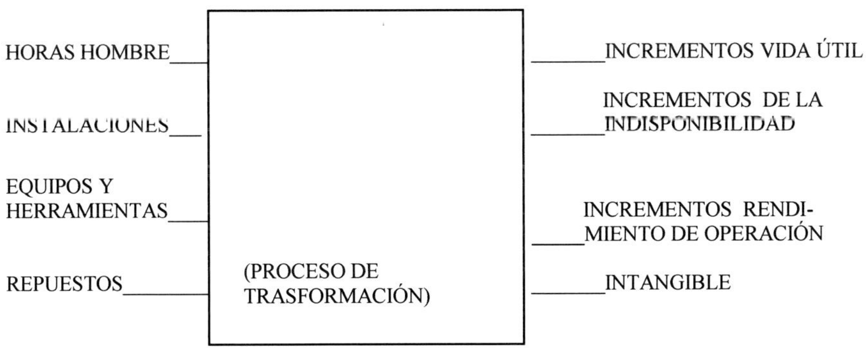

6.3.5- Los factores de la productividad en mantenimiento

los enfoques más generalizados en ese campo, pierden de vista en su mayoría, la relación producto-insumo y se concentran sólo en el uso intenso (disminución) de estos últimos y, más aún, lo que persigue en una visión "cortoplacista", es la reducción del presupuesto con innumerables resultados desfavorable.

En general, podemos definir la **Gerencia de la productividad en el mantenimiento, como aquel conjunto de prácticas que permiten incrementar la disponibilidad los equipos, prolongar su vida útil y/o aumentar la capacidad nominal o estándar de éstos, en relación a los insumos utilizados (horas-hombre, equipos, herramientas, repuestos, etc.), con las características definitorias del concepto: Estratégicos, global e integral.**

Para lograr poner en práctica esta modalidad de gestión, debemos precisar la naturaleza de los factores de productividad en el mantenimiento y, luego describir la concreción de su utilización en los momentos fundamentales de su ciclo de gerenciación .

Los factores dinamizados de la productividad son aquellos que coadyuvan a su mejor y, en general, los clasificamos en:

TECNOLÓGICOS:

- Instrumental de diagnóstico
- Instrumental e instalación de reparación
- Repuestos utilizados
- Equipos para el manejo de materiales

TECNO-
ORGANIZACIONALES

- **Estructura.** Grado de centralización, jerarquía
- Política de adquisición de nuevas tecnologías
- Política de utilización de equipos
- Sistema de planificación del mantenimiento (inserto En el sistema de planificación, programación y control De producción)
- Prácticas de programación de actividades y recursos
- Sistemas de suministro y logística del trabajo ejecutado
- Sistema de Seguridad Industrial
- Sistema y políticas de personal (selección, adiestramiento, evaluación, remuneración, etc.)

MOTIVACIONALES
DEL RECURSO
HUMANO

- Estilos gerenciales
- Ambiente de trabajo (clima organizacional)
- Estrategias de participación
- Estrategias de incentivos

Al clasificar estos factores y enunciar algunos ejemplos en cada grupo, queremos insistir en el perfil integral que debe guardarse a al hora de desarrollarse, de manera, que una acción con factores tecnológicos esté orquestada por sus requisitos e impactos en los campos de organización y recursos humano, a fin de aprovechar lo mejor posible, los efectos sinergéticos que se produzcan.

Si tenemos claro el concepto y los factores de productividad en el mantenimiento, correspondemos más fácilmente, la necesidad de manejarse con el diagrama de tiempos de un equipo (ver anexo 3).y lo ineducible de aunar acciones con otras áreas (operativas, logísticas), con el objeto de minimizar los tiempos indisponibles. La utilización de los diagramas Causas-Efecto nos ayudan a visualizar esas interrelaciones.

En esa dirección, es que entenderemos, además, la importancia de contar objetivos y metas claras que permitan diseñar en **una sola política,** los cuidados de una buena operación y de un buen mantenimiento, así como los esfuerzos preventivos y correctivos dentro de este último.

Caso contrario, si no contamos con políticas y objetivos únicos en toda la empresa, comienzan los "rosario"de imprudentes decisiones, tales como aumentar indiscriminadamente la capacidad de respuestas frente a las "emergencias" la compra de equipos y herramientas sofisticadas y de "modernos"sistemas de información o por el contrario, tomar decisiones que tratan de "ahorrar" en repuestos, horas extras de mantenimiento, salarios, etc.m sin medir adecuadamente su repercusión en la disponibilidad general de los equipos. De allí pues, que recalquemos la necesidad de hacer esfuerzos integrales y que mantengan la perspectiva de mejora estratégicas en el largo plazo.

Sólo enfoques de productividad y calidad en el mantenimiento permite optimizar el logro de resultados (productos), con recursos disponibles y en armonia co otros departamentos (producción, suministros), coadyuvando al logro de objetivos comunes. Ello permitirá una **acción integral** en cuanto a los factores tecnológicos, organizativos y motivacionales del factor humano.

REFERENCIAS

1- "Amstadter B. Mc Graw-Hill", Reliability Mathematics, 1971.

2- "Arquello Napoleón", Mantenimiento de Plantas Industriales, Centro Industrial de Productividad (CIP) de México, 1979.

3- " Baldin Gustavo Gil", Manual de Mantenimiento de Instalaciones Industriales, Barcelona 1982.

4- "Calabro S.R.", Reliability and Principles and Practices, Mc Graw Hill, E.U.A., 1962.

5- "Díaz Matalobos Ángel", Gerencia de Mantenimiento, Centro de desarrollo gerencial IESA septiembre 1990.

6- " Golman A.-T. Slattery-R. Krieger", Maintainability , New York 1977.

7- "Harmann T., Scott W.",Técnica de Dirección de Empresa, Tomo 1, Dirección y Gerencia, Editorial Hispano Europea, Barcelona España, 1977.

8- " Howar Finley", Principios de Optimización de Mantenimiento.

9- "Ibarra Emir" Nociones de Fiabilidad, Ediciones Mary Mar, Argentina 1976.

10- "Jural J. M.", Planificación y Análisis de la Calidad, 1971.

11- "March J., Simón H.", Teoría de la Organización, Editorial Ariel, Barcelona España, 1980

12- "Morrow L. C.", Manual de Mantenimiento Industrial, Editor 1974.

13- "Morrow", Maintenance. Engineering Handbook, Mc. Graw Hill Book Company Inc., 1957.

14- "Nava José D.", Organización del Mantenimiento Hospital Universitario de los Andes, Trabajo de Ascenso, Diciembre, 1974.

15- "Newbrought E.T.", Administración de Mantenimiento Industrial, Editorial Diana, México 1979.

16- "Rodríguez F. J.", Productividad y Mantenimiento.

17- "Pieruska", Principle of Reliability, Prentice-Hall Inc. 1963.

18- "Pozo Navarro F.", La Dirección por Sistema, Editorial Limusa, México, 1979.

19- "The Howar Finley Corporation",Conceptos Básicos Sobre Mantenimiento Optimo, Versión hecha por el Ing. José Ramón Tirado de Ingeniería. Divisional, Cía. Shell de Venezuela Ltd., Lagunillas, Estado Zulia, Junio 1971 (120 Pág.).

20- "Vetra C.A.", Curso de Mantenimiento Optimo, R.E.B.S.,1973 (80 Pág.).

ANEXO

FORMULA. $TPEF = V.r\ (1 + \frac{1}{K})$

EL TIEMPO PROMEDIO ENTRE FALLADE UN
EQUIPOCON EL FACTOR DE ENVEJECIMIENTO V=1

V = 1 = CONSTANTE SE LEE TPEF

K	0.00	0.01	0.02	0.03	0.04	0.05	0.06	0.07	0.08	0.09
.05	2.000	1.930	1.865	1.806	1.752	1.702	1657	1.614	1.575	1538
.60	1.505	1.473	1.444	1.416	1.390	1.366	1.344	1.322	1.302	1.284
.70	1.266	1.249	1.233	1.218	1.204	1.191	1.178	1.166	1.154	1.143
.80	1.133	1.123	1.114	1.105	1.096	1.088	1.080	1.073	1.066	1.059
.90	1.052	1.046	1.040	1.034	1.029	1.023	1.018	1.013	1.009	1.004
1.00	1.000	0.996	0.992	0.988	0.984	0.981	0.977	0.974	0.971	0.968
1.10	0.965	0.962	0.959	0.957	0.954	0.952	0.949	0.947	0.945	0.943
1.20	0.941	0.939	0.937	0.935	0.933	0.931	0.930	0.928	0.927	0.925
1.30	0.924	0.922	0.921	0.919	0.918	0.917	0.916	0.915	0.914	0.912
1.40	0.911	0.910	0.909	0.909	0.908	0.907	0.906	0.905	0.904	0.903
1.50	0.903	0.902	0.901	0.901	0.900	0.899	0.899	0.898	0.898	0.897
1.60	0.897	0.896	0.896	0.895	0.895	0.894	0.894	0.893	0.893	0.893
1.70	0.892	0.892	0.892	0.891	0.891	0.891	0.890	0.890	0.890	0.890
1.80	0.889	0.889	0.889	0.889	0.888	0.888	0.888	0.888	0.888	0.888
1.90	0.887	0.887	0.887	0.887	0.887	0.887	0.887	0.886	0.886	0.886
2.00	0.886	0.886	0.886	0.886	0.886	0.886	0.886	0.886	0.886	0.886
2.10	0.886	0.886	0.886	0.886	0.886	0.886	0.886	0.886	0.886	0.886
2.20	0.886	0.886	0.886	0.886	0.886	0.886	0.886	0.886	0.886	0.886
2.30	0.886	0.886	0.886	0.886	0.886	0.886	0.886	0.886	0.886	0.886
2.40	0.886	0.887	0.887	0.887	0.887	0.887	0.887	0.887	0.887	0.887
2.50	0.887	0.887	0.887	0.888	0.888	0.888	0.888	0.888	0.888	0.888
2.60	0.888	0.888	0.888	0.889	0.889	0.889	0.889	0.889	0.889	0.889
2.70	0.889	0.889	0.890	0.890	0.890	0.890	0.890	0.890	0.890	0.890

1

EL TIEMPO PROMEDIO ENTRE FALLA DE UN EQUIPO CON EL FACTOR DE ENVEJECIMIENTO V=1

K	0.00	0.01	0.02	0.03	0.04	0.05	0.06	0.07	0.08	0.09
2.80	0.890	0.890	0.890	0.890	0.890	0.890	0.890	0.890	0.890	0.890
2.90	0.892	0.892	0.892	0.892	0.892	0.892	0.892	0.893	0.893	0.893
3.00	0.893	0.893	0.893	0.893	0.894	0.894	0.894	0.894	0.894	0.894
3.10	0.894	0.894	0.895	0.895	0.895	0.895	0.895	0.895	0.895	0.896
3.20	0.896	0.896	0.896	0.896	0.896	0.896	0.896	0.897	0.897	0.897
3.30	0.897	0.897	0.897	0.897	0.898	0.898	0.898	0.898	0.898	0.898
3.40	0.898	0.899	0.899	0.899	0.899	0.899	0.899	0.899	0.899	0.899
3.50	0.900	0.900	0.900	0.900	0.900	0.900	0.901	0.901	0.901	0.901
3.60	0.901	0.901	0.901	0.902	0.902	0.902	0.902	0.902	0.902	0.902
3.70	0.902	0.903	0.903	0.903	0.903	0.903	0.903	0.903	0.904	0.904
3.80	0.904	0.904	0.904	0.904	0.904	0.904	0.905	0.905	0.905	0.905
3.90	0.905	0.905	0.905	0.905	0.906	0.906	0'.906	0.906	0.906	0.906
4.00	0.906	0.907	0.907	0.907	0.907	0.907	0.907	0.907	0.907	0.908
4.10	0.908	0.908	0.908	0.908	0.908	0.908	0.908	0.909	0.909	0.909
4.20	0.909	0.909	0.909	0.909	0.909	0.910	0.910	0.910	0.910	0.910
4.30	0.910	0.910	0.910	0.911	0.911	0.911	0.911	0.911	0.911	0.911
4.40	0.911	0.912	0.912	0.912	0.912	0.912	0.912	0.912	0.912	0.912

2

PROBLEMA DE CONFIABILIDAD

Una unidad mayor de destilación tuvo los siguientes tiempos entre arranques y paradas, Asiente los datos en una hoja de análisis de falla. Calcule ***P***(***F***) y ***P***(***S***) en papel semí logarítmico. Determine el valor de ***P*** (***S***).

CORRIDA	*TEAF*	CORRIDA	*TEAF*
1	979	11	7.619
2	1.629	12	767
3	1.767	13	6.987
4	4.506	14	14.683
5	556	15	1.952
6	116	16	2.773
7	442	17	3.469
8	7.028	18	3.143
9	1.251	19	149
10	1.907		

PROBLEMA DE CONFIABILIDAD

Asiente los siguientes datos sobre corridas de un compresor en la hoja de análisis de fallas. Calcule ***P***(***F***) y ***P***(***S***). Haga el grafico de ***P***(***S***) en papel de Weibull. Determine ***V*** y ***K***, escriba las ecuación para ***P***(***S***), calcule el ***TPEF.***

CORRIDA	*TEF*	CORRIDA	*TEF*
1	979	11	7.619
2	1.629	12	767
3	1.767	13	6.987
4	4.506	14	14.683
5	556	15	1.952
6	116	16	2.773
7	442	17	3.469
8	7.208	18	3.143
9	1.251	19	143
10	1.907		

3
CONFIABILIDAD DE ESTACION REMOTA DE BONBEO

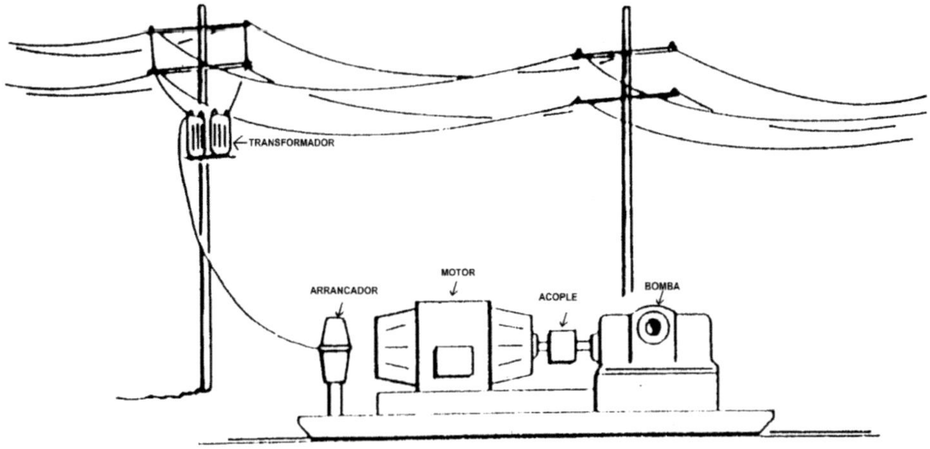

ESTACION REMOTA DE BOMBEO

DIAGRAMA FUNCIONAL

R(1) LINEA DE ALIMETACION — R(2) TRANSFOR-MADOR — R(3) ARRANCA-DOR →

→ R(4) MOTOR — R(5) ACOPLE — R(6) BOMBA

$$R(S) = R(1)\ x\ R(2)\ x \ldots\ldots\ldots\ldots\ldots\ldots\ldots\ldots\ldots\ldots R(N)$$

$$SI\ OCURRE\ QUE\ R(1) = R(2) = \ldots = \ldots = R^{N}(N)$$

$$R(S) = R(N)$$

CONFIABILIDAD DE ESTACION REMOTA DE BONBEO

$R(1) = Epx - [\frac{T}{500}]$	$\frac{R(100)}{0{,}1353}$	1
$R(2) = 1{,}00$	1,0000	6
$R(3) = 0{,}99$	0,9900	5
$R(4) = Exp\ [-(\frac{T}{10{,}000})1{,}3]$	0,9512	4
$R(5) = Exp\ [-(\frac{T}{1{,}000})3{,}5]$	0,3679	2
$R(6) - Exp - (\frac{T}{5{,}000})$	0,8187	3

$$R(S) = R(1)\ R(2)\ R(3)\ R(4)\ R(5)\ R(6)$$

$$R(S) = (0{,}1353)(1{,}0000)(0{,}9900)(0{,}9512)(0{,}3679)(0{,}8118)$$

$$R(S) = 0{,}0384$$

CONFIABILIDAD DE DOS BOMBAS EN PARALELO

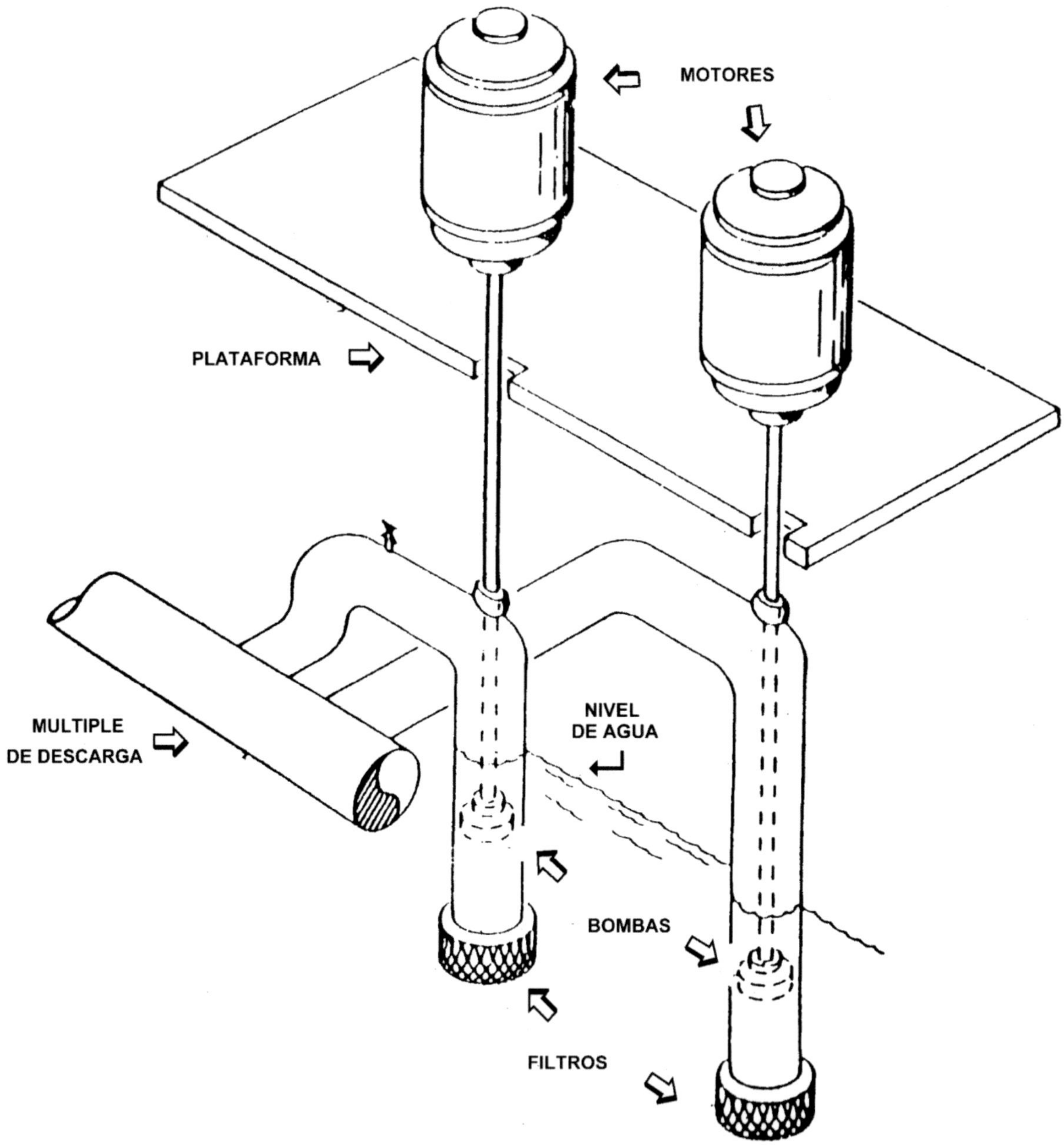

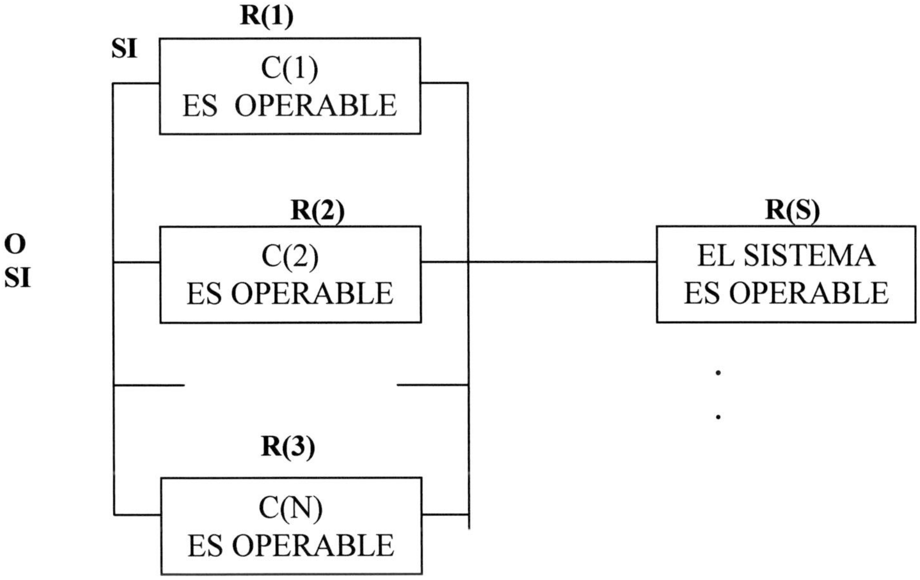

$$R(S) = 1 - U(S) \; DESCONFIABILIDAD$$
$$R(S) = 1 - [U(1)\,U(2)...U(N)]$$
$$R(S) = 1 - \{[1 - R(1)][1 - R(2)]..[1 - R(N)]\}$$
$$R(S) = 1 - (1 - R)^N \; SI \; TODA \; R(1) = R$$

CONFIABILIDAD DE DOS BOMBAS EN PARALELO

$$R(T) = 0{,}005_{FPH}$$
$$T = 168\ HORAS$$
$$Ps(168) = Exp[-(0{,}005)\,(168)]$$
$$Ps(168) = Exp - 0{,}84$$
$$Ps(168) = 0{,}43\ Confiabilidad\ cada\ bomba$$

$$U(I) = Pf(168)$$
$$U(I) = 1 - Ps(168)$$
$$U(I) = 1 - 0{,}43$$
$$U(I) = 0{,}57\ Desconfiabilidad\ para\ cada\ bomba$$

$$U(S) = U(1)\,U(2)$$
$$U(S) = (0{,}57)\,(0{,}57)$$
$$U(S) = 0{,}325\ Desconfiabilidad\ del\ sistema$$

$$R(S) = 1 - 0{,}325$$
$$R(S) = 0{,}675\ Confiabilidad\ del\ sistema$$

HOJA PARA EL ANÁLISIS DE FALLA

PAG._______ DE _______

REFERENCIA ____ N (MAX) ______________

____ T (UNIDAD) _____________

N	T (N)	P (F)	P (S)

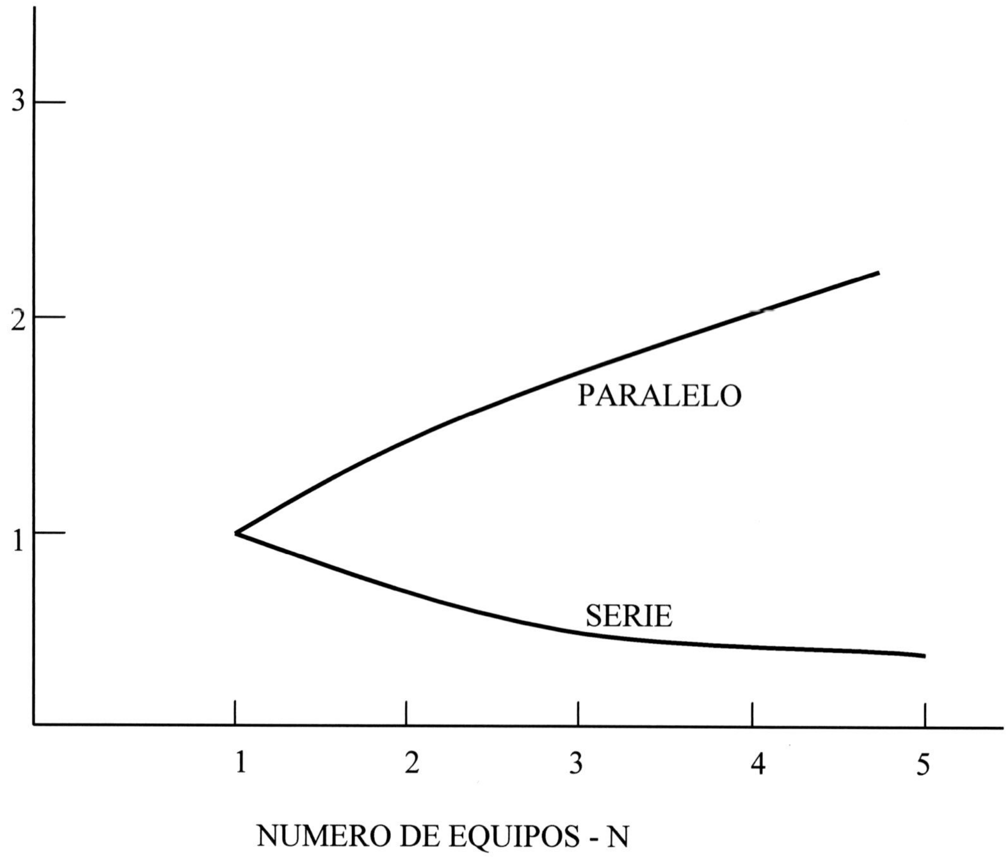
3
2
1
PARALELO
SERIE
1
2
3
4
5
NUMERO DE EQUIPOS - N

Estadística, Evaluación y Análisis de la Gestión de Mantenimiento

Dr. Luis E. Valles D.

Título: Estadística, Evaluación y Análisis de la
Gestión de Mantenimiento
Autor: Dr. Luis Eduardo Valles Defendine
Editado y Publicado por: D&M Engineering C.A.
Valencia, Venezuela

D & M Engineering C.A.
Ingeniería Confiable
RIF: J-31563504-6 NIT: 0563821191

Made in United States
Orlando, FL
20 October 2026

89450290R00045